无人机专业创新型人才培养规划教材·高等职业教育

无人机飞行训练指导书

远洋航空教材编写委员会 编

北京航空航天大学出版社

内 容 简 介

由于无人机具有与生俱来的优势,近年来在民用领域得到了广泛应用,与此同时,无人机操控人员的需求也与日俱增。

本书共分 6 个项目,主要围绕无人机执照考试要点阐述相关知识和技能,包括无人机及其操控技术概述、无人机飞行设备、无人机飞行作业准备、无人机模拟飞行、无人机飞行训练、无人机地面控制站操控。本书内容翔实、易学易练,力求培养学生实际动手能力与创新思维能力,并达到优化学生知识、能力和素养的目的。

本书可用作高等职业院校和中等职业院校无人机应用技术及相关专业的教材,也可作为无人机爱好者和培训机构的参考用书。

图书在版编目(CIP)数据

无人机飞行训练指导书 / 远洋航空教材编写委员会编. -- 北京 : 北京航空航天大学出版社,2020.8
ISBN 978 - 7 - 5124 - 3337 - 3

Ⅰ. ①无… Ⅱ. ①远… Ⅲ. ①无人驾驶飞机－飞行训练－职业教育－教材 Ⅳ. ①V279

中国版本图书馆 CIP 数据核字(2020)第 155736 号

无人机飞行训练指导书
远洋航空教材编写委员会 编
责任编辑 金友泉

*

北京航空航天大学出版社出版发行

北京市海淀区学院路 37 号(邮编 100191) http://www.buaapress.com.cn
发行部电话:(010)82317024 传真:(010)82328026
读者信箱: goodtextbook@126.com 邮购电话:(010)82316936
河北宏伟双华印刷有限公司印装 各地书店经销

*

开本:787×1 092 1/16 印张:11 字数:282 千字
2020 年 9 月第 1 版 2025 年 2 月第 5 次印刷 印数:6 501~8 000 册
ISBN 978 - 7 - 5124 - 3337 - 3 定价:39.00 元

前　言

　　无人机因其成本低、使用风险小、易操纵、灵敏性高，可携带各种载荷完成特殊任务，在军事和民用领域大展身手。目前，无人机广泛应用于航空拍摄、农林病虫害防护、交通管制、应急救援、安全监测和物流快递等方面，无人机应用领域的不断拓展，也为我国经济增长贡献了一份力量。同时无人机操纵人员的需求量也非常大，并将在很长一段时间内处于供不应求的状态。无人机操控人员必须了解相关的法律法规、飞行安全知识，熟悉飞行设备的使用及飞行作业准备，并通过无人机模拟飞行训练来熟悉基本操作技能，为掌握无人机操控技能做准备。

　　本书遵循以实用为主、以够用为度、由浅入深、由易到难、循序渐进的教学规律，较为系统地介绍了无人机操控技术的基础知识，主要内容包括无人机及其操控技术概述、无人机飞行设备、无人机飞行作业准备、无人机模拟飞行、无人机飞行训练、无人机地面控制站操控。

　　焚膏油以继晷，恒兀兀以穷年。本书是编写委员会成员所在的教学科研团队在无人机领域历年教学经验与科研实践工作的基础上，结合国内外相关文献编写的。主要章节编写分工如下：项目1、项目3由陈巧云编写，项目2、项目4由丁安琪编写，项目5、项目6由王旭编写。编者在编写过程中得到了编写委员会其他成员的建议与指导。感谢远洋航空科技（天津）有限公司为了推动中国民用无人机产业、教育、服务的快速发展，精心组织编写委员会与编审委员会成员编写与审查本书；感谢各位委员和专家百忙之中抽出时间，为本书提供指导意见和相关素材；感谢在编写过程中，给我们提供帮助的所有朋友。

　　受限于笔者之能力，本书难免有不妥之处，恳请读者批评指正。另外本书中的部分立体化素材引用于网络，并有来源标注，若有素材未标注，请相关人员与编写委员会联系，联系方式：ffzh-jy@126.com。

编　者

2020 年 5 月

目　　录

项目 1　无人机及其操控技术概述

【项目描述】

无人机作为一种新的研究对象,目前正以"无人机＋"的形式颠覆着传统行业的工作模式。无人机作为一种载体,对于操控手来讲,会飞、飞得好是关键,故无人机操控技术是学生学习的重点。本项目围绕"无人机系统"和"无人机操控技术"进行了简要分析,可为后续章节的学习奠定理论基础。

【项目要求】

① 掌握无人机及无人机系统的概念。
② 了解无人机的特点及分类。
③ 能够讨论目前无人机主流应用案例。
④ 掌握无人机操控的概念及与有人机操控的区别。
⑤ 掌握无人机操控的类型。
⑥ 熟悉无人机操控技术的内容。

任务 1.1　无人机概述

一、任务导入

在学习无人机操控技术之前,首先应对无人机及无人机系统有整体认知。本任务重在分享无人机相关概念、无人机特点及分类、低空无人机行业应用等相关内容。

二、任务分析

1. 任务要求

① 掌握无人机的相关概念。
② 了解无人机的特点及分类。
③ 讨论无人机背后的"幸福"。

2. 实施方法

本任务采用一体化教学模式,主要组织形式与教学方法如下。

组织形式:以班级为单位,进行双师云课堂或线下授课。

教学方法:采用多媒体教学,结合无人机实物等教具进行课程讲授,同时辅以组内讨论分析。

三、任务实施

1．无人机相关概念

（1）无人机

中国民用航空局飞行标准司在 2018 年 8 月 31 日颁布的《民用无人机驾驶员管理规定》中对无人机及相关概念作了定义。

无人机（Unmanned Aircraft，UA）就是由控制站管理（包括远程操纵或自主飞行）的航空器，也称远程驾驶航空器（Remotely Piloted Aircraft，RPA）。

（2）无人机系统

无人机不能简单地理解为一架飞行器，它是一个整体系统，严格意义来讲，应称之为无人机系统，在这个体系中缺少任何一个分系统都会导致无人机无法正常飞行或缺失某项功能。

无人机系统（Unmanned Aircraft System，UAS）是指由无人机、相关控制站、任务载荷和控制链路等组成的系统，也称远程驾驶航空器系统（ Remotely Piloted Aircraft Systems，RPAS）。图 1-1 所示为一种典型的无人机系统。

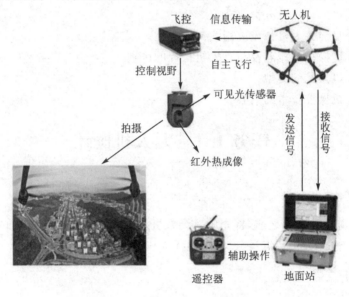

图 1-1　一种典型的无人机系统

（3）无人机驾驶员

2019 年 4 月 1 日，人力资源社会保障部、市场监管总局、统计局正式向社会发布了包含无人机驾驶员在内的 13 个新职业信息，这是自 2015 年版《中华人民共和国职业分类大典》颁布以来发布的首批新职业，同时也再一次印证了社会对无人机驾驶员的迫切需求。

无人机驾驶员就是通过远程控制设备，驾驶无人机完成既定飞行任务的人员。其主要工作任务包括：

① 安装、调试无人机电机、动力设备、桨叶及相应任务设备等。

② 根据任务规划航线。

③ 根据飞行环境和气象条件校对飞行参数。

④ 操控无人机完成既定飞行任务。

⑤ 整理并分析采集数据。

⑥ 评价飞行结果和工作效果。

⑦ 检查、维护、整理无人机及任务设备。

（4）无人机执照

鉴于民用无人机在全球范围内快速发展，但无人机飞行乱象丛生，因此多个国家推出了临时性管理规定。中国民用航空局也于 2018 年 1 月 26 日下发了《民用无人驾驶航空器系统驾驶员管理暂行规定》，对目前出现的无人机驾驶员实施指导性管理，目的是按照国际民航组织制定的标准建立我国完善的民用无人机驾驶员监管制度。

无人机执照就是驾驶民用无人机所需的证件，即无人机驾驶员已进入持证上岗的时代。这里需要说明的是并不是驾驶所有类型无人机的驾驶员都需要执照，相关内容将在项目 3 介绍。

（5）视距内运行和超视距运行

视距内（Visual Line of Sight，VLOS）运行，就是无人机在驾驶员或观测员与无人机保持直接目视视觉接触范围内的运行，且该范围为目视视距内半径不大于 500 m，人、机相对高度不大于 120 m。视距内驾驶员等级考试要求无人机视距内运行。

超视距（Beyond VLOS，BVLOS）运行，就是无人机在目视视距以外的运行。超视距驾驶员等级考试要求无人机超视距运行。

（6）飞行经历时间

飞行经历时间是指为符合民用无人机驾驶员的训练和飞行时间要求，驾驶员操纵无人机或在模拟机上操作所获得的飞行时间。这些时间可以作为操纵无人机系统必需的时间，或者从授权教员处接受训练的时间，或者作为授权教员提供教学的时间。

2. 无人机的特点及分类

（1）无人机的特点

无人机系统的"无人"特性，造就了无人机使用上的特殊优越性。无人机的具体特点如下：

① 无人机无须配备生命保障系统，从而简化了系统，减轻了质量，降低了成本，应用范围广泛。

② 在执行危险任务时不会危及驾驶员的安全，可以毫无顾忌地执行各种危险任务。

③ 在机动性方面，无人机较为灵活，对起降环境、飞行环境、地面保障等环境要求较低。

④ 无人机在制造方面放宽了冗余性和可靠性指标，放宽了机体材料、过载、耐久等要求。

⑤ 无人机使用简单，新手易上手操作，且可以用模拟飞行软件进行无人机操控训练，从而节省了无人机的实际使用寿命。

⑥ 无人机结构简单，维护较容易，维修成本也低。

（2）无人机的分类

随着无人机市场的快速发展，无人机的种类繁多、型号各异，各具特点，用途广泛。对无人机进行分类，有助于相关标准规范的确立，有助于无人机的飞行管理，有助于无人机行业的健康发展。

1）按飞行平台分类

无人机按照飞行平台结构的不同，可分为固定翼无人机（见图 1-2）、无人直升机（见图 1-3）、多旋翼无人机（见图 1-4）、垂直起降固定翼无人机（见图 1-5）、无人自转旋翼机（见图 1-6）、无人飞艇（见图 1-7）、无人扑翼机（见图 1-8）等。每种无人机的结构特点、原理及应用请参考前面讲过的"无人机应用技术导论""无人机飞行原理及大气环境"等课程内容。

图 1-2　固定翼无人机

图 1-3　无人直升机

图 1-4　多旋翼无人机

图 1-5　垂直起降固定翼无人机

图 1-6　无人自转旋翼机

图 1-7　无人飞艇

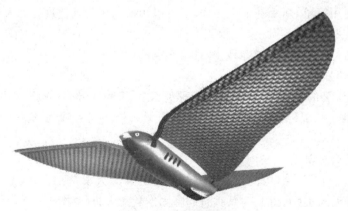

图 1-8　无人扑翼机

2）按应用领域分类

按不同应用领域划分,无人机可分为军用无人机、民用无人机和消费级无人机三大类,对于无人机的性能要求各有偏重。

① 军用无人机。军用无人机是指应用于军事领域的无人机。军用无人机对于灵敏度、飞行高度、飞行速度、智能化等有着更高的要求,是技术水平最高的无人机,包括侦察、诱饵、电子对抗、通信中继、靶机和无人战斗机等机型。图1-9所示为2019年国庆大阅兵无人机作战模块亮相的军用无人机。

② 民用无人机。民用无人机是指应用于民用领域的无人机。民用无人机主要用于各个行业领域,对其专业性、稳定性和可靠性要求很高。图1-10所示为民用植保无人机。

图1-9 军用无人机

图1-10 民用植保无人机

③ 消费级无人机。消费级无人机主要用于个人娱乐、个人航拍、青少年科普教育等方面,一般采用成本较低的多旋翼平台,其操作简单、便于携带、性价比高。图1-11所示为个人航拍消费级无人机。

3）按飞行高度分类

无人机按飞行高度的不同,可分为超低空无人机、低空无人机、中空无人机、高空无人机和超高空无人机,具体内容如表1-1所列。

4）按活动半径分类

无人机按活动半径分类,可分为超近程无人机、近程无人机、短程无人机、中程无人机和远程无人机,具体内容如表1-2所列。

图1-11 消费级无人机

表1-1 无人机按飞行高度分类

无人机的分类	超低空无人机	低空无人机	中空无人机	高空无人机	超高空无人机
无人机飞行高度/m	0～100	100～1 000	1 000～7 000	7 000～18 000	>18 000

表1-2 无人机按活动半径分类

无人机的分类	超近程无人机	近程无人机	短程无人机	中程无人机	远程无人机
无人机活动半径/km	<15	15～50	50～200	200～800	>800

5）根据无人机相关法规分类

根据中国民航局飞行标准司 2019 年发布的《民用无人机驾驶员管理规定》（咨询通告），无人机分类等级的具体内容如表 1-3 所列。

表 1-3　无人机根据《民用无人机驾驶员管理规定》分类

分　类	空机质量/kg	起飞质量/kg
Ⅰ（a）	0＜空机质量/起飞质量≤0.25	
Ⅰ（b）	0.25＜空机质量/起飞质量≤1.5	
Ⅱ	1.5＜空机质量≤4	1.5＜起飞质量≤7
Ⅲ	4＜空机质量≤15	7＜起飞质量≤25
Ⅳ	15＜空机质量≤116	25＜起飞质量≤150
Ⅴ	植保类无人机	
Ⅵ	116＜空机质量≤5 700	150＜起飞质量≤5 700
Ⅶ	空机质量/起飞质量＞5 700	

6）根据无人机运行风险分类

按照 2018 年初国家空中交通管制委员会办公室面向社会公开征求意见的《无人驾驶航空器飞行管理暂行条例（征求意见稿）》中的规定，同时根据无人机运行风险的大小，无人机可分为微型无人机、轻型无人机、小型无人机、中型无人机和大型无人机，具体内容如表 1-4 所列。

表 1-4　无人机按运行风险分类

无人机的分类	无人机的运行风险
微型无人机	空机质量小于 0.25 kg，设计性能同时满足飞行高度不超过 50 m，最大飞行速度不超过 40 km/h，无线电发射设备符合微功率短距离无线电发射设备技术要求的遥控驾驶航空器
轻型无人机	空机质量不超过 4 kg，最大起飞质量不超过 7 kg，最大飞行速度不超过 100 km/h，具备符合空域管理要求的空域保持能力和可靠被监视能力的遥控驾驶航空器，但不包括微型无人机
小型无人机	空机质量不超过 15 kg 或者最大起飞质量不超过 25 kg 的无人机，但不包括微型、轻型无人机
中型无人机	最大起飞质量超过 25 kg 不超过 150 kg，且空机质量超过 15 kg 的无人机
大型无人机	最大起飞质量超过 150 kg 的无人机

3. 无人机背后的"幸福"

近年来，随着无人机的快速发展，"无人机＋"颠覆了诸多产业的传统工作模式。无人机的广泛应用也正是我国无人机产业快速发展的见证。随着传感技术、5G 通信、航空动力、人工智能等技术的不断成熟，无人机应用场景将不断被拓宽和加深。相关研究显示，预计 2022 年中国工业无人机市场规模将突破 500 亿元。

2020 年初，新型冠状病毒在中国武汉爆发，在此次疫情防控工作中，无人机大显身手，发挥了重大作用，下面就来讨论一二。

在此次疫情中，无人机的应用深入到社会治理的"毛细血管"。比如，在疫情防控中，无人机实现了大面积快速测试人群体温、实时交通管控、大范围消毒等。据报道，无人机已在超过

18 个省份的 50 多个县市协助开展交通治理,依托无人机平台,对重点路口协助展开全局路况监控,及时发现交通违法、交通拥堵、交通事故等异常情况,对密集的返城车流进行喊话疏导。可以设想,在疫情过后的社会治理中,无人机仍然大有用武之地。

疫情期间无人机又一次解决了物流盲点问题,保障了民生,给老百姓带来了"幸福"。河北白洋淀区域岛屿众多,受疫情影响,轮渡停航。在当地党委和政府的支持下,相关企业搭建无人机团队,为物资运送搭上了"天梯",解决了当地群众的现实困难。

又如,在高速公路出口,无人机下悬挂的二维码可供司机提前录入个人信息;在医院和疾控中心之间,无人机自动化转运疫情防控急救药品和标本;在社区和农村,无人机"空中喊话"进行宣传劝导……疫情防控工作中,无人机以其独特的优势给社会带来了"幸福"。图 1 - 12所示为无人机吊挂二维码供司机扫描登记信息。

图 1 - 12　无人机吊挂二维码供司机扫描登记信息

任务 1.2　无人机操控技术概述

由于具有成本低、无伤亡风险、机动性能好、可悬停、运用方便及高效等特性,无人机已普遍应用于各行各业。无人机若想圆满完成飞行任务,其操控者的操控技术至关重要。目前无人机操控技术作为一门新兴技术,是无人机操控者能够完成任务的基础。

一、任务分析

1. 任务要求

① 了解无人机驾驶员的基本要求。

② 掌握无人机操控的概念及与有人机操控的区别。

③ 掌握无人机操控的类型。

④ 熟悉无人机操控技术的内容。

2. 实施方法

本任务采用一体化教学模式,主要组织形式与教学方法如下:

组织形式:以班级为单位,进行双师云课堂或线下授课。

教学方法:采用多媒体教学,结合无人机实物等教具进行讲授,同时辅以组内讨论分析。

二、任务实施

1. 无人机驾驶员应具备的基本要求

对于无人机而言,没有优秀的无人机驾驶员就不可能圆满完成飞行任务,人是飞行操控的灵魂。

无人机驾驶员不仅要具备扎实的理论基础知识和精湛的操控飞行技术,还应具备客观求实和科学表达的能力以及甘于奉献、勇于探索的精神。一名优秀的无人机驾驶员应满足以下要求:

(1) 基本能力要求

① 正确理解飞行任务单。

② 按任务单精准完成飞行任务。

③ 认真总结每次飞行操控结果。

④ 在飞行操控中保持警觉,及时发觉异常现象。

⑤ 在飞行操控中及时正确处理异常现象。

⑥ 保持镇静,具备处置突发事件的能力。

(2) 基础理论要求

无人机驾驶员应该学习和掌握无人机基础理论知识,包括飞行原理、飞控系统、导航技术、发动机技术、任务载荷、虚拟仿真技术等。无人机驾驶员都应尽可能掌握丰富的专业知识,尤其是关乎无人机飞行安全的知识。

(3) 无人机操控技术要求

无人机的操控不同于有人机,其自主飞行属于常态飞行,因此自主飞行下的操控技术也就成为无人机驾驶员必须熟练掌握的基本操控技术。

无人机对手动摇杆操控技术的要求相对有人机要低,而且准确地说是一种遥控飞行,虽然使用的机会较少,但遥控飞行操控技术仍是无人机驾驶员必须掌握的技术。

通常无人机驾驶员还担负着航线规划员的职责,了解航线规划的知识,会使用航线规划软件根据任务单规划合适的航线也包含在飞行操控技术要求之中。

此外,无人机驾驶员的日常训练大都在飞行仿真模拟器上完成,因此模拟操控技术也是无人机驾驶员需要掌握的技能。

(4) 工程技术要求

理论知识为无人机驾驶员承担飞行任务奠定了技术理论基础,随着参加飞行实践项目,这些知识和理论会不断地应用、深化、更新。特别是某一特定应用场景、特定型号的无人机,驾驶员必须清楚它的特点,做到有的放矢,这就是工程技术要求。

工程技术要求主要包括无人机的气动特性、飞控系统特性、发动机特性、结构特性、其他系统特性和综合信息。要求无人机驾驶员认真学习和消化无人机说明书和飞行操控手册,熟记操作流程并铭记关键参数,做到活学活用。

2. 无人机操控的概念

随着无人机产业的快速发展,无人机驾驶员成为炙手可热的职业,其飞行操控必将会越来越受到重视,因为无人机驾驶员的操控技术水平和其所做的飞行操控是否准确直接影响无人机的应用效能。

无人机操控技术特指无人机驾驶员对于无人机飞行的操控,主要任务是在地面通过无线电链路监督、控制无人机飞行的整个过程,包括起降操纵、飞行控制、任务设备(载荷)控制和数据链管理等。通常这个过程在地面控制站内完成,地面控制站内的飞行控制席位、任务设备控制席位、数据链管理席位都设有相应分系统的操作装置。

3. 无人机操控与有人机操控的区别

众所周知,无人机与有人机的典型区别之一就是机上是否有人,有人机的飞行员在飞机上,而无人机的驾驶员在地面上。所以,有人机上的飞行员可以在第一时间感知飞行器的飞行状态并及时作出反应,与之相比,无人机驾驶员无论是在感知还是操作上都要相对滞后。

另外,在军事领域,有人机的飞行员驾驶战机直接进入战场参与作战,以第一视角体验战争,能及时调整飞机状态去适应战场;相反,无人机的操作员却是在千里之外操控无人机作战,参与感较低,时间一长会给无人机驾驶员们带来一种不真实的感觉。概括来讲,无人机操控与有人机操控的区别如表 1-5 所列。

表 1-5　无人机操控与有人机操控的区别

序　号	对比项目	有人机操控	无人机操控
1	操作员所在位置	飞机座舱内	地面上
2	对操作员身体素质要求	相对较高	相对较低
3	操作员的心理状态特点	身临其境、反差小	千里之外、反差大
4	对周边环境的感知能力	相对较强	相对较弱
5	危险系数	高	低
6	反应速度	相对较快	相对较慢
7	任务特点	易兴奋	易枯燥

4. 无人机操控类型

一般来说,无人机的操控主要有遥控方式、自主控制、组合控制三种类型。

(1) 遥控方式(PIC)

遥控方式是通过数据链路对无人机实施飞行操控的方式。遥控方式一般包括舵面遥控、姿态遥控以及指令控制三种方式。

1) 舵面遥控

舵面遥控是由遥控器的操纵杆直接控制无人机的舵机,遥控无人机飞行。这是无人机最简单和最原始的控制方式,多应用于微型战术无人机的操控上。这种控制方式一般是通过目视对无人机进行操控的。

2) 姿态遥控

姿态遥控是在无人机具有姿态稳定控制机构的基础上,通过操纵杆控制无人机的俯仰和滚转,从而连续地控制无人机运动的方式。该方式要求设计的操纵杆适应操作员的操纵感觉,并且具有边界限制。一般分为目视操控无人机和通过仪表远程操控无人机。

3）指令控制

指令控制是通过上行链路发送控制指令,机载计算机接收到指令后按预定的控制模式执行任务的方式。这种方式必须在机载自动驾驶仪或机载飞行管理与控制系统自动控制的基础上实施。指令控制方式一般包括:俯仰角选择与控制、高度保持与控制、飞行速度控制、滚转选择与控制、航向选择与控制、航迹控制等。

（2）自主控制（UAV）

自主控制是指不需要人工参与的飞行控制,通过全权限的机载飞行管理与控制系统完成从起飞、控制飞行、执行任务到返航着陆全过程的自动控制。自主控制时无人机处于自动驾驶状态,基本不需要人工干预,此时无人机操控者的主要任务就是监控无人机各系统是否运行正常,是否按照预设航路飞行等。自主控制是无人机最为常态的控制方式。

（3）组合控制（RPV）

组合控制是在自主控制飞行的基础上,通过操纵杆在无人机的控制外回路施加一定的偏移量,尤其是在自动起飞着陆过程中,对导航偏差和外界干扰进行人工干预的一种控制模式。

组合控制对无人机操控者提出更高的要求,既要熟知该模式下的操控特点,又要掌握该模式下的控制技术,这种控制方式可理解为更为人性化的自主控制。其中人的干预一般通过模拟量来完成,即杆量的大小和时机都需要大量的训练和实操去揣摩和掌握。

5. 无人机操控技术

无人机的种类繁多,其操控技术也不尽相同,但总的来说,无人机操控技术可以从两个方面来考虑。一是从设计者的角度考虑,可以按照前面讲过的控制方式来划分,即自主控制、遥控方式以及组合控制;二是从使用者的角度考虑,可以按照整个飞行过程所涉及的操控技术层面来划分,分为流程操作、状态监控以及应急操作三个具体的技术层面。

（1）流程操作

无人机执行任务时,其飞行操控都有一套正规流程,如果在飞行中发生意外,那么按照这套流程去做,应该能保证无人机从起飞到着陆顺利完成飞行任务。这套流程操作是每一位无人机飞行操作员必须掌握的。

这套流程一般包括飞行数据制定、状态检查、起飞操控、空中飞行操控、着陆操控、回收工作等。

（2）状态监控

状态监控是指无人机在飞行过程中,操控者通过遥测参数回传来监视控制无人机飞行的全过程。因为现代无人机大多是按照预先设定的航线进行自主飞行的,如果不需要临时改变航线或应对突发意外情况,基本不需要操控者去干涉无人机,因此对于操控者来说,监控状态是飞行中的常态,是每一名操控者最应该熟悉的过程。

（3）应急操作

对于无人机操控者来说,控制无人机安全飞行、完成预定任务是其职责所在,保证飞行安全始终是无人机操控者飞行的第一准则。当无人机操控者飞行次数不断增多、累计飞行时间不断增长时,在飞行中出现意外情况的概率就会不断增加,在这些意外中有些是会威胁到飞行安全的,当出现这些意外情况时,对于无人机操控者来说应急操作就成为一个不可避免的问题。

关于应急操作主要有三个原则:防患于未然、时刻保持安全飞行、保持冷静;果断决策;将损失降至最低。

项目核验

项目核验单						
班　级		姓　名		学　号	日　期	

一、相关知识

1. 简述无人机操控技术的概念。

2. 简述无人机操控的类型。

3. 通过查询资料,谈一谈无人机执照考取需要掌握的飞行操控技术有哪些?

二、评价反馈

1. 自我评价

2. 学生建议

成绩评定		教　师	

项目 2　无人机飞行设备

【项目描述】

随着智能时代的到来,无人机逐渐出现在人们的视野中。无人机飞行设备是无人机作业过程中较为重要的部件,如遥控器可以控制无人机飞行,锂电池充电器可以为无人机电池充电,地面站负责接收信号等。本项目介绍的飞行设备有无人机遥控器、无人机锂电池充电器以及无人机地面站。通过介绍无人机飞行设备,可间接提高同学们的无人机操作水平。

【项目要求】

① 了解什么是遥控器。
② 掌握日本手遥控器与美国手遥控器的区别。
③ 掌握无人机遥控器的使用注意事项。
④ 掌握无人机遥控器的使用步骤及界面设置。
⑤ 掌握无人机锂电池充电器的使用注意事项及使用流程。
⑥ 掌握无人机地面站的作用。
⑦ 熟悉无人机地面站的硬件组成。
⑧ 掌握无人机地面站的软件安装与界面设置方法。

任务 2.1　无人机遥控器

一、任务导入

遥控器是无人机较为重要的组成部分。所谓无人机遥控器就像电视机遥控器、空调遥控器一样可以不用接触到被控设备,而通过一个可以使用无线电与被控设备进行通信的手持器件,实现对设备的控制。想要更深入地了解遥控器,首先要学习它的类型及使用方法。本次任务的主要内容是学习无人机遥控器的界面及使用方法。

二、任务分析

1. 任务要求
① 学习并掌握遥控器的定义。
② 学习并掌握无人机遥控器的使用注意事项。
③ 熟悉常见的无人机遥控器品牌。

2.实施方法

（1）理论教学

组织形式:以班级为单位进行双师云课堂或线下授课。

教学方法:采用多媒体教学并结合实物、挂图进行理论讲授。

（2）实训教学

组织形式:对班级全体学生分组,每组控制在 6～8 人。

教学方法:老师示范,学生自行讨论研究,轮流动手操作,由助教进行巡回指导,并将问题反馈给老师。或老师示范后,学生分组操作,老师巡回指导。

三、任务实施

第一步:知识准备

引导问题 1:什么是遥控器?

遥控器是一种无线发射装置,通过现代的数字编码技术,将按键信息进行编码,通过红外线二极管发射光波,光波经接收机的红外线接收器将收到的红外信号转变成电信号,再经处理器进行解码,解调出相应的指令来达到控制机顶盒等设备完成所需的操作要求。无人机遥控器如图 2-1 所示。

遥控器的遥控功能是一个系统工程,由下面几个环节构成:信号生成(手动操作产生信号)、信号调制发射、信号接收解调、信号解码(驱动舵机)等。遥控器也被称为发射机,除了遥控器本体之外,还有一个接收机与之配合,发射机发射信号,接收机接收信号,依次遵循上述环节。

无人机允许使用的频段有三个,分别为 840.5～845 MHz、1 430～1 446 MHz、2 408～2 440 MHz,而无人机遥控器所使用的的频段也在其中。一般 433 MHz 使用较多且为开放频段,433 MHz 的波长较长、穿透力强,传输距离为 5～15 km。

引导问题 2:美国手遥控器、日本手遥控器、反美国手遥控器的区别是什么?

美国手遥控器的操控是:左手摇杆在竖直方向为油门控制、水平方向为航向控制;右手摇杆在竖直方向为升降舵控制,水平方向为副翼舵控制,如图 2-2 所示。

图 2-1　无人机遥控器

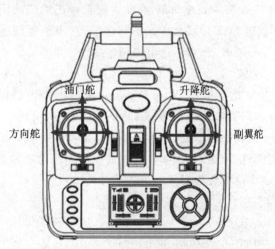

图 2-2　美国手遥控器

日本手遥控器的操控是：左手摇杆在竖直方向为升降舵控制、水平方向为航向控制；右手摇杆在竖直方向为油门控制，水平方向为副翼舵控制，如图2-3所示。

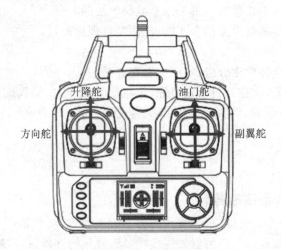

图2-3　日本手遥控器

引导问题3：接收机的类型及作用有哪些？

接收机的类型主要分为PWM、PPM、S. BUS、DSM2，这四种也就是接收机的四种协议。

（1）PWM

航模常用的PWM（脉冲宽度调制）信号其实只使用了它的一部分功能，就是只用到高电平的宽度来进行信号的通信，而固定了周期，并且忽略了占空比参数。由于传输过程全部使用满电压传输，非0即1，很像数字信号，所以它拥有了数字信号的抗干扰能力。由于脉宽的调节是连续的，使得它能够传输模拟信号。

PWM信号的发生和采集都非常简单，现在的数字电路则使用计数的方法产生和采集PWM信号。注意信号值与电压无关，这在电压不恒定的条件下非常有用，比如电池电压会随消耗而降低，DCDC都会存在纹波等，这些因素不会干扰信号的传输。

PWM因为处理简单，在航模圈至今仍然广泛用以驱动舵机和固定翼飞机的电调等。其相对于PPM等协议最大的不同在于，它每条物理连线里只传输1路信号。简单说就是需要传输几个通道，就需要几组物理连线。

（2）PPM

PPM的全称是Pulse Position Modulation（脉位调制）。因为PWM每路只能传输一路信号，在分别直接驱动不同设备的时候（比如固定翼，每路各自驱动不同的舵机和电调）没有任何问题。但在一些场合，并不需要直接驱动设备，而是需要先集中获取接收机的多个通道的值。当用作其他用途时，比如将两个遥控器连接起来的教练模式，将遥控器连接电脑操控模拟器，还有将多旋翼无人机接收机的信号传输给飞控时，每个通道一组物理连线的方式就显得非常烦琐。

（3）S. BUS

S. BUS的全称是Serial Bus。S. BUS是一个串行通信协议，最早由日本厂商FUTABA引入，随后FrSky的很多接收机也开始支持。S. BUS是全数字化接口总线。数字化是指该协议使用现有数字通信接口作为通信的硬件协议,使用专用的软件协议,这使得该设备非常适合在单片机系统中使用,也非常适合与飞控连接。总线是指它可以连接多个设备,这些设备通过Hub 与总线相连,得到各自的控制信息。

（4）DSM2

DSM 是 Digital Spread Spectrum Modulation 的缩写。

DMS 协议一共有三代:DSM、DSM2、DSMX。国内最常见的是 DSM2,JR 和 Spectrum 的遥控器都支持。该协议也是一种串行协议,但是比 S.BUS 更加通用,使用的是标准串口定义,所以市面上的兼容接收机更加便宜,兼容的设备也更多,比如电动直升机的三轴陀螺 VBar 就可以直接接收 DSM2 信号。

但是该协议并不是一种总线化的协议,它要靠接收机去把协议变为 PWM 来驱动舵机,DSM2 接口也只能连接接收机和卫星接收机,不过对于飞控来说作用太小。

接收机的主要功能是从空中存在的众多电磁波中,选出自己需要的频率成分,抑制或滤除不需要的信号或噪声与干扰信号,然后经过放大、解调得到原始的有用信息。

引导问题 4:常用的遥控器品牌有哪些?

（1）天地飞遥控器

天地飞遥控器是深圳市天地飞科技开发有限公司的产品。深圳市天地飞科技开发有限公司(WFLY)是中国最早从事航模产品的研发类企业之一。自 2006 年开始进入航模市场,先后研发并推出世界第一台全中文显示高端遥控设备、全球第一款 4 096 分辨率 2.4 GHz 遥控系统、全国最早的 9 通道遥控设备,并形成了从入门到高端,从整机到配件的一系列产品。常见的天地飞遥控器型号有 WFT07、WFT09、WFT09SII 等。图 2-4 所示为 WFT09 遥控器。

（2）乐迪遥控器

乐迪遥控器是深圳市乐迪电子有限公司的产品。深圳市乐迪电子有限公司成立于 2003 年 9 月 15 日,成立之初是作为一家向电子生产厂商提供电子产品完整软、硬件解决方案设计的公司。常见的乐迪遥控器型号有 AT9S、AT9SPRO、AT10II、T8FB 等,如图 2-5 所示为 T8FB 遥控器。

图 2-4　WFT09 遥控器

图 2-5　T8FB 遥控器

（3）富斯遥控器

富斯遥控器是深圳市富斯遥控模型技术有限公司的产品。深圳市富斯遥控模型技术有限公司是一家专业从事电子遥控模型研发生产及销售的高新技术企业，生产的电子遥控模型以精美的外观和高稳定的性能赢得国内外消费者的青睐。常见的富斯遥控器型号有富斯 i6、富斯 i6s、富斯 i10 等，图 2 - 6 所示为富斯 i6 遥控器。

（4）Futaba 遥控器

Futaba 遥控器是日本生产的，其功能齐全。由于 Futaba 遥控器的功能强大，常被用于无人机培训中。常见的 Futaba 遥控器型号有 Futaba 14SG、Futaba 18MZ、Futaba 10J 等，如图 2 - 7 所示为 Futaba 18MZ 遥控器。

图 2 - 6　富斯 i6 遥控器　　　　图 2 - 7　Futaba 18MZ 遥控器

引导问题 5：无人机遥控器使用注意事项有哪些？

（1）飞行前、中、后注意事项

① 飞行中绝对不要握住遥控器的天线，这会导致遥控器输出信号衰减至极低。

② 飞行中天线的末端不要朝向飞机机身的方向。

③ 飞行中在发动机或电机运转过程中不可以关闭电源开关。

④ 准备飞行时如需将发射机放置于地上时，勿竖直放置。

⑤ 飞行前务必检查电池电量以及进行舵面动作测试。

⑥ 打开电源时，要确保遥控器的操纵杆已放在最低位；关闭电源时，要确保发动机或电机已经停止。

（2）使用电池以及充电器的注意事项

① 勿对破损、老化、有漏液等异常现象的电池进行充电。

② 充电器及电池不能接触任何液体。

③ 充电器要严格按照规定的使用方法给电池充电。

④ 勿对电池、充电器进行修理、拆解等操作。

⑤ 勿将电池长时间置于高温或日光直射的场所。

（3）遥控器的存放注意事项

① 勿将遥控器存放在阳光直射、湿气较重、震动较多、灰尘较多、有蒸汽或热源的场所保管。

② 遥控器长时间不用时,应将电池取出,保存在 0～30 ℃干燥环境中。

第二步:遥控器使用介绍(以 Futaba 14SG 遥控器为例)

(1)遥控器各部位名称及使用(见图 2-8)

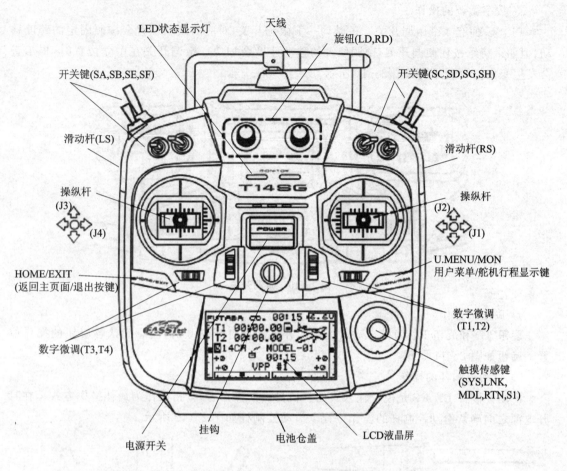

图 2-8 遥控器各部位名称

1)正确使用天线

遥控器天线在横向时信号强度最大,因此尽量不要让天线指向机体方向进行操作(见图 2-9)。天线可进行旋转以调整角度,配合操纵习惯调整天线的位置。

2)开关的配置及类型

☆ SA:3 挡,自锁定,短杆;

☆ SB:3 挡,自锁定,长杆;

☆ SC:3 挡,自锁定,长杆;

☆ SD:3 挡,自锁定,短杆;

☆ SE:3 挡,自锁定,短杆;

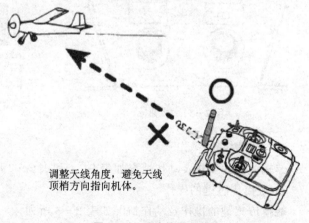

调整天线角度,避免天线顶梢方向指向机体。

图 2-9 正确使用天线

☆ SF：2 挡,自锁定,长杆；

☆ SG：3 挡,自锁定,短杆；

☆ SH：2 挡,自复位,长杆。

3）数字微调的操作

T14SG 拥有 4 个微调开关。每触动一下微调开关,对应的微调位置会按照固定的跨度移动,但如果持续按住微调开关,微调位置的移动速度会加快。微调开关在中立位置时,提示音会发生变化。微调开关如图 2-10 所示。

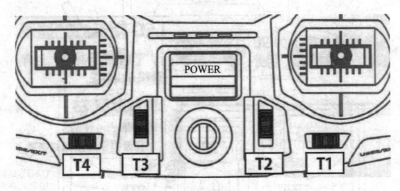

图 2-10　微调开关

4）旋钮的操作

旋钮 LD 和旋钮 RD 为模拟输入旋钮式开关。在打开电源前,注意确认各旋钮的操作位置。旋钮如图 2-11 所示。

5）滑动控制杆的操作

滑动控制杆 LS/RS 是模拟输入式的。机身面向操作者,食指操作为最佳操作方式。在打开电源之前确认滑动控制杆的操作位置。滑动控制杆如图 2-12 所示。

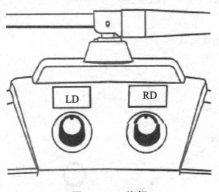

图 2-11　旋钮

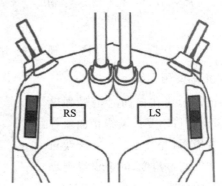

图 2-12　滑动控制杆

6）编辑按键的操作

编辑按键的操作及动作情况如表 2-1 和表 2-2 所列。

7）触摸传感键的操作

触摸传感键的操作及动作情况如表 2-3 所列。

表 2-1 HOME/EXIT 键的操作		表 2-2 U. MENU/MON. 键的操作	
操　作	动　作	操　作	动　作
按一下	返回上一级	按一下	显示舵机显示画面
长　按	返回主页面	长　按	显示用户菜单画面
在主页上按一下	进入遥测画面		
在主页上长按	锁定/解锁		

表 2-3 触摸传感键的操作

操　作		状　态	动　作
触摸操作	S1	如果有一个页面	光标会移动至下个页面的标题处
		如果仅有一个页面	光标会移动至本页标题处
		输入数据模式（数据闪烁时）	删除输入的数据
	RTN	光标移动模式	切换到光标输入模式
		数据输入模式	切换到光标移动模式
		数据输入模式（数据闪烁时）	决定输入数据
触摸操作（2 次）	SYS	所有页面	移动至系统菜单（System Menu）
	LNK	所有页面	移动至关联菜单（Linkage Menu）
	MDL	所有页面	移动至模型菜单（Model Menu）
触摸操作（1 s）	S1	主页面	按键锁定的设定/解除
	RTN	数据输入模式	返回初期值
滑动操作	"RTN"的外圈	光标移动模式	光标移动
		数据输入模式	数据更改

8）操纵杆的调整方法

操纵杆的杆头长度是可以调整的。固定操纵杆头 B,将操纵杆头 A 按逆时针方向旋转即可解锁。将操纵杆头 B 向需要调整的方向移动并固定,然后将操纵杆头 A 按顺时针方向旋转直至锁上即完成锁定,操纵杆如图 2-13 所示。

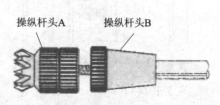

图 2-13 操纵杆

9）操纵杆弹簧松紧度的调整

遥控器操纵杆的内部结构如图 2-14 所示,通过向左向右调整十字螺丝改变螺丝的松紧程度,进而改变操纵杆的手感(很轻或很重)。此外,螺丝过松会影响操纵杆的外壳结构。

操纵杆内部的状态
十字螺丝向右旋转　　十字螺丝向左旋转

超出这道线后松紧度
将不会再有变化

操纵杆很重的状态
(螺丝被拧到最紧的状态)

操纵杆很轻的状态

螺丝过松的状态

※螺丝过松会影响到外壳

图 2-14　操纵杆弹簧松紧度调整

10) SD 卡的使用(需要单独购买)

使用市场上销售的 SD 卡(32 MB~2 GB)或是 SDHC 卡(4~32 GB)可以储存 T14SG 遥控器内的模型数据。SD 卡如图 2-15 所示。另外,当 T14SG 遥控器公布新版本时,可通过 SD 卡进行软件升级。

11) 教练功能接口

使用教练功能时,需要使用另外购买的教练功能连接线连接教练用遥控器和学生用遥控器。教练功能接口如图 2-16 所示。

12) 充电接口

遥控器中标配的是银氢电池 HTSF1800B 的充电接口,如图 2-17 所示。如要使用升级锂电池,则不可使用此充电接口进行充电。

图 2-15　SD 卡

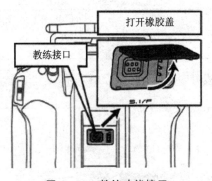

打开橡胶盖

教练接口

S.I/F

图 2-16　教练功能接口

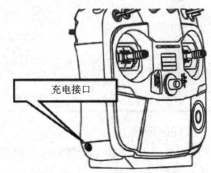

充电接口

图 2-17　充电接口

13) S.I/F 接口

S.BUS/S.BUS2 舵机的通道设定以及其他设定、双向遥测传感器的注册以及插槽设定、ID 变更等都需用到 S.I/F 接口,S.I/F 接口如图 2-18 所示。可连接设定用舵机、传感器以及通过 Y 型线、双口延长线或三叉分配线连接接收机用电池。

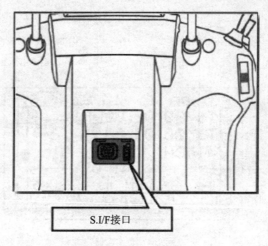

图 2-18 S. I/F 接口

14）电池的安装

电池在安装或取下时，要确保电源处于关闭状态。如果在打开电源的状态下取出电池，则设定数据无法保存。电池的安装步骤如下：

① 滑动并打开遥控器底部的电池仓盖，如图 2-19 所示。

② 将电池插入遥控器，将插头插入连接口，如图 2-20 所示。

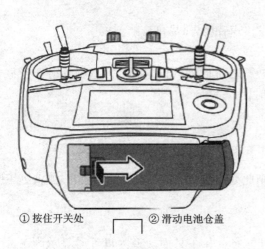

图 2-19 打开电池仓盖

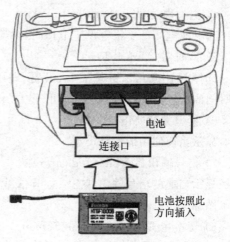

图 2-20 连接电池

③ 闭合电池仓盖，注意不要夹到配线。

（2）LED 液晶屏初始界面介绍

LED 液晶屏初始界面如图 2-21 所示。

1）模型名称（Model Name）

此处会显示当前使用的模型名称。将光标移动至此处并按 RTN 键，可以进入模型选择界面。

2）飞行条件（Condition，直升机/滑翔机）

此处会显示当前使用的飞行条件。将光标移动至飞行条件处并按下 RTN 键，可选择需

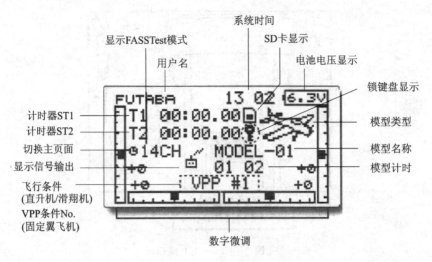

图 2-21 初始界面

要进行微调设定的飞行条件。

3）系统时间（System Timer）

此处会显示从上次系统重启后打开电源起累计使用的时间。将光标移动至此处并按住 RTN 键 1 s，可对系统计时进行重置。

4）电池电压显示（Battery Indicator）

当电池电压低于报警设定电压时，遥控器会发出声音警告，尽快着陆。

5）计时器（Timer，T1/T2）

选择［T1］或［T2］并按下 RTN 键，即可直接进入各计时器的设定页面。选择计时器所显示时间的位置，按下 RTN 键，即可开始或停止计时。

6）模型类型（Model Type）

显示当前使用的模型类型。

7）信号输出显示（RF Indicator）

显示当前的信号输出状态。如有信号发出，则此处显示图标。如没有信号发出，则此处不显示图标。

8）切换主页面（2nd Home Screen）

将光标移动到时钟的符号上并按下 RTN 键时，将会从主页面切换为以计时显示为主的画面。

9）数字微调显示（Digital Trim，T1 - T4）

此处显示的是数字微调的位置。可更改微调每一格的调整位置和显示位置等。单击此处可进入关联菜单（Linkage Menu）的微调设置页面。

10）模型计时（Model Timer）

光标移动至模型计时位置并按住 RTN 键 1 s，可进行时间重置。

11）锁键盘显示（Key Lock）

当设定为锁键盘模式时，屏幕上会显示钥匙的图标。此时触摸传感键的感应区被锁定。在主页面状态下按住 HOME/EXIT 键或 S1 键 1 s，即可锁定或解锁。

（3）系统菜单介绍

1）教练功能（TRAINER）

在 T14SG 的教练系统中，可以选择教练遥控器具体用于指导的通道以及动作模式。教练功能可以根据学生实际的操控水平来设定难易程度，如图 2-22 所示。

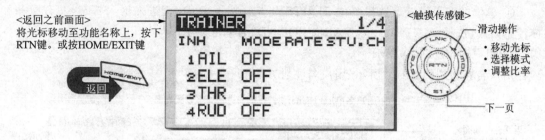

图 2-22　教练功能设置

动作模式有 NORM/MIX/FUNC/OFF 可供选择。另外在 MIX 或 FUNC 模式下，可以选择学生用遥控器的通道。

教练用的 T14SG 遥控器和学生用的遥控器的通道排列不同时，用此功能更为便利。两个遥控器之间必须使用选配的教练功能连接线连接。教练手中的遥控器必须打开教练模式，学生用遥控器才可进行操纵。当教练开关断开后，将返回到教练遥控器控制飞行。当学生飞行出现危险或偏差过大时，可以立即切换，以确保安全。

2）显示设置（DISPLAY）

液晶显示屏的对比度、背光亮度和背光延时定时器都可调整；此外，单位可在公制/英制间变更。显示设置如图 2-23 所示。

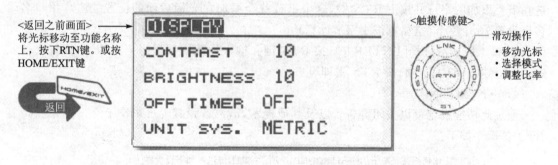

图 2-23　显示设置

① 液晶显示屏的对比度调整。选择对比度[CONTRAST]项，按下 RTN 键进入输入状态。左右滑动触摸传感键面板进行调整。调整范围：（浅）0～15（深），初始值：5，调整后按下 RTN 键，返回到光标移动状态。

注意：调整时同时观察显示屏，调整到自己容易看清的程度。调整时，按住 RTN 键（约 1 s）可直接返回初始默认值。

② 背景亮度的调整。选择亮度[BRIGHTNESS]项，按下 RTN 键进入输入状态，左右滑动触摸传感键面板进行调整。

注意：调整时同时观察显示屏，调整到符合自己需要的亮调整后，按下 RTN 键，返回到光标移动状态。调整时,按住 RTN 键(约 1 s)可直接返回初始默认值。

③ 背景光延时关闭调整。选择背景光时间[OFFTIMER]项,按下 RTN 键进入输入状态,左右滑动触摸传感键面板进行调整。调整范围:10~240 s(每阶 10 s),OFF(背光长亮)初始值:10 s。调整后按下 RTN 键,返回到光标移动状态。调整后按住 RTN 键(约 1 s)可直接返回初始默认值。

④ 单位的变更设置。选择单位[UNITSYS]项,按下 RTN 键进入输入状态,左右滑动触摸传感面板,选择[METRIC]或[YARD/POUND]的单位显示。

3)用户名(USER NAME)

用户名界面如图 2-24 所示,用户名注册方法如下:

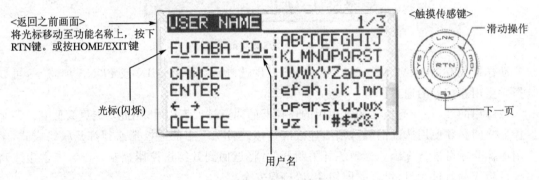

图 2-24 用户名界面

① 在用户名上移动光标。选择[←]或[→]后按 RTN 键可以移动光标。如需删除字符,选择[DELETE]后按 RTN 键,可以删除光标后面的一个字节;如需添加字符,在字符列表中选择需要添加的字符并按下 RTN 键,这个字符就会添加在光标后面的位置。注意用户名最多可设置 10 个字节(空格也按 1 字节计算)。

② 输入完成后选择[ENTER]项,按 RTN 键。输入过程中如果想停止输入,恢复之前状态,则选择[CANCEL]项,按 RTN 键即可。

4)声音(SOUND)

通过此功能设定可以关闭警告音以及其他提示音,声音设置界面如图 2-25 所示。声音开/关的操作如下:

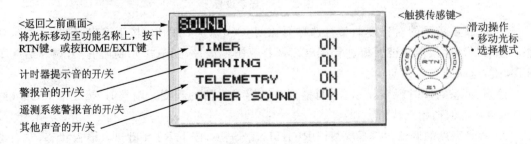

图 2-25 声音界面

① 将光标移动到需要设定的项目上,按下RTN键切换到输入状态。

② 在触摸传感键面板上左右滑动,选择ON或OFF。

③ 按RTN键确定。

5）H/W设定（H/W SET）

在此项功能中包含H/W反向、操纵杆模式选择以及操纵杆校准的功能。H/W反向功能可以将操纵杆、开关、微调、旋钮等的操作信号反转,如图2-26所示。

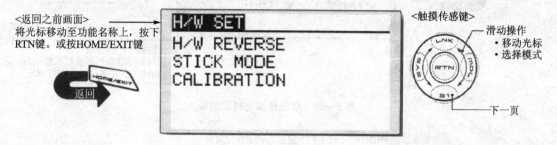

图2-26 H/W设定界面

6）开始选择（START SET）

在打开电源后,直接进入模型选择功能,如图2-27所示。对于一台遥控器存储多个模型的情况,使用此功能十分便利。

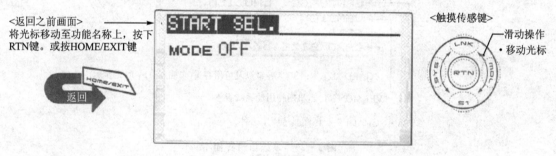

图2-27 开始选择界面

注意:此快捷菜单最多可注册4个(最频繁调用的)模型,SD卡内所保存的模型数据无法对应。

7）自动锁定（AUTO LOCK）

如果飞行中不小心碰触到触摸传感键,就会造成误操作,导致设定更改,甚至有坠机等危险。为避免这样的事情发生,T14SG有两种自动锁定触摸传感键的功能。同时在主页面状态下还可以通过长按51键(1 s以上)达到手动锁定。进入锁定状态后,在主页上会有一个钥匙的符号。触摸传感键锁定界面如图2-28所示。

8）系统信息（INFO）

系统信息页面会显示T14SG的系统版本、SD卡存储情况,显示语言选择(英语/日语假名/其他)以及产品ID号码,如图2-29所示。

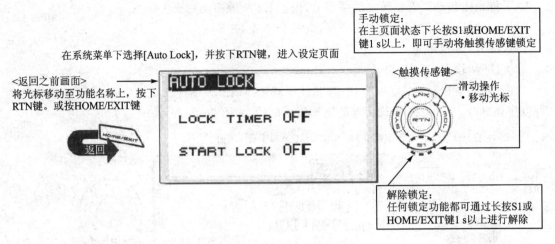

在系统菜单下选择[Auto Lock]，并按下RTN键，进入设定页面

手动锁定：
在主页面状态下长按S1或HOME/EXIT键1 s以上，即可手动将触摸传感键锁定

<返回之前画面>
将光标移动至功能名称上，按下RTN键。或按HOME/EXIT键

<触摸传感键>
滑动操作
• 移动光标

解除锁定：
任何锁定功能都可通过长按S1或HOME/EXIT键1 s以上进行解除

图 2 - 28 触摸传感键锁定界面

在系统菜单下选择[INFO]，按下RTN键进入以下设定页面

"PRODUCT""RF ID"：遥控器的产品ID号码和高频模块ID号码

<返回之前画面>
将光标移动至功能名称上，按下RTN键。或按HOME/EXIT键

<触摸传感键>
滑动操作
• 移动光标
• 选择模式

"CARD SIZE"：SD卡容量以及可用容量(未插入SD卡时无显示)

"VERSION"：本机所使用的系统版本

"LANGUAGE"：画面显示所用语种

图 2 - 29 系统信息界面

9）S. BUS 舵机(S. BUS SERVO)

将 S. BUS/S. BUS2 舵机和电池如图 2 - 30(a)所示连接在遥控器背面的 5.1/F 插口上，即可进行对舵机的通道设定和其他各种设定，如图 2 - 30(b)所示。S. BUS/S. BUS2 舵机会对自己的通道及设定进行记忆。

注意：根据所选择的 S. BUS/S. BUS2 舵机的不同型号，可能会有一些功能无法使用。遥控器上仅显示可以使用的功能。

（4）关联菜单介绍

1）舵机监控(SERVO MONITOR)

在关联菜单和模型菜单的功能设定中，都可以通过图表和数值对舵机的动作进行确认，如图 2 - 31 所示。在模型菜单中也可以调出舵机显示画面。

2）模型选择(MODEL SE)

通过模型选择功能，可以对模型进行添加、调出、删除、复制以及命名等，如图 2 - 32 所示。

存储于遥控器内和 SD 卡内的模型数据都可以进行操作,遥控器本体最多可储存 30 台模型数据,已存储的模型名称都可以改变,这样便于区分不同的模型设置。每一个模型名称最多可使用 10 字节,使用中的模型名称在主页面上有所显示。

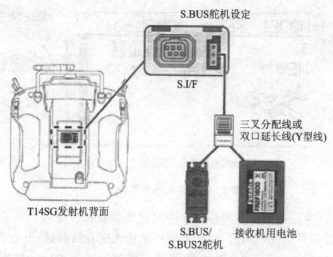

(a) 舵机、电池连接遥控器

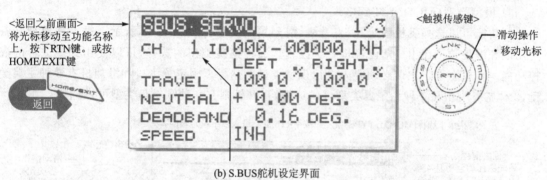

(b) S.BUS舵机设定界面

图 2-30 S. BUS 舵机连续与设定

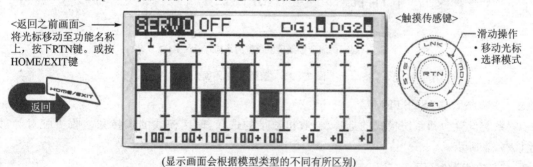

(显示画面会根据模型类型的不同有所区别)

图 2-31 舵机监控设定界面

在关联菜单下选择[MODEL SEL.]项，并按下RTN键，进入以下设定画面

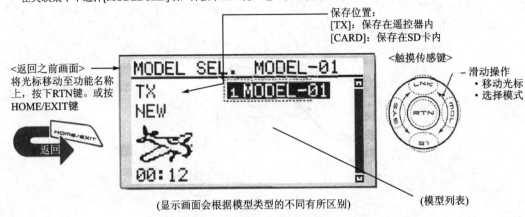

图 2-32　模型选择界面

　　使用复制功能可以在遥控器内存和存储卡中复制模型数据。也可以在设置新模型时，复制已有的模型设定，仅需要修改不同的部分，不用再次输入所有的数据，十分方便。另外，当尝试对模型设置进行改变之前，还可以用这一功能进行模型设置的备份。另外 T8FGS 的模型数据经过复制也可使用。

　　注意：T14SG 的模型数据无法复制到 T8FGS 上使用。

　　3）模型类型（MODEL TYPE）

　　此功能可以选择飞机固定翼、直升机、滑翔翼的类型，如图 2-33 所示。每一种模型必备的功能和混控选项在出厂前已经进行了设置。通过模型类型的选择，可以使用到最适合的混控功能。在模型设定之前必须要先进行模型类型的选择。固定翼飞机和滑翔机有 6 种主翼类型、3 种尾翼类型和 5 种无尾翼类型可供选择，直升机则有 6 种倾斜盘类型可供选择。

在关联菜单下选择[MODEL TYPE]项，并按下RTN键，进入以下设定画面

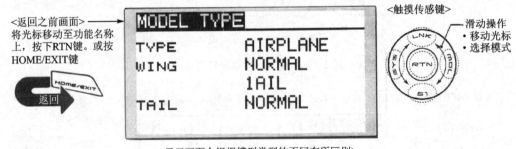

图 2-33　模型类型界面

　　4）系统设置（SYSTEM）

　　系统设置包括系统模式的选择、接收机数量的选择、地区模式的选择和接收机配对等，如图 2-34 所示。

　　5）功能设置（FUNCTION）

　　当选择了模型类型和机翼布局后，就会发现每一个舵机控制通道的功能（副翼、升降舵等）

在关联菜单下选择[SYSTEM]项，并按下RTN键，进入以下设定画面
<返回之前画面>
将光标移动至功能名称上，按下RTN键。或按HOME/EXIT键
HOME/EXIT
返回
SYSTEM
FASSTest-14CH SINGLE G
P---------
LINK B.F/S 3.8V
TELEMETRY
ACT DL 1.0s
<触摸传感键>
滑动操作
• 移动光标
• 选择模式
LNK
SYS
RTN
MDL
S1

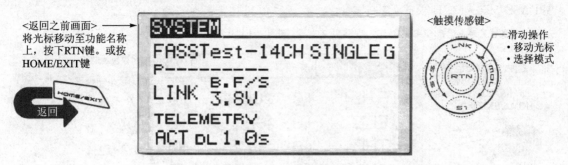

图 2-34　系统设置界面

和该通道的控制功能(操纵杆、开关、微调等)都已经过优化组合,预先设定完毕,如图 2-35 所示。通常情况下推荐使用已经预设完成的分配组合。当然,如果希望根据自身需求,对此进行改变,则可以通过此功能设定界面来完成。

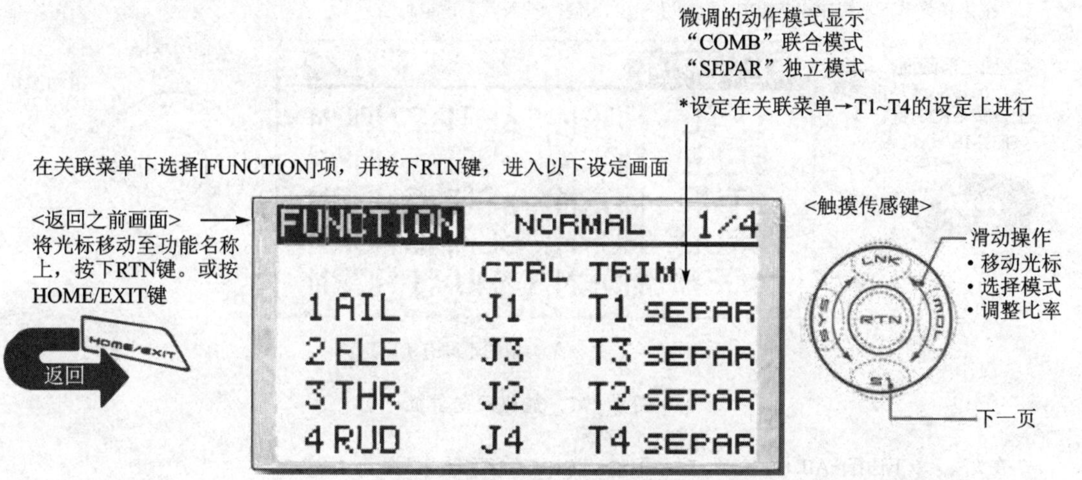

微调的动作模式显示
“COMB”联合模式
“SEPAR”独立模式
*设定在关联菜单→T1~T4的设定上进行
在关联菜单下选择[FUNCTION]项，并按下RTN键，进入以下设定画面
<返回之前画面>
将光标移动至功能名称上，按下RTN键。或按HOME/EXIT键
HOME/EXIT
返回
FUNCTION NORMAL 1/4
CTRL TRIM
1 AIL J1 T1 SEPAR
2 ELE J3 T3 SEPAR
3 THR J2 T2 SEPAR
4 RUD J4 T4 SEPAR
<触摸传感键>
滑动操作
• 移动光标
• 选择模式
• 调整比率
LNK
SYS
RTN
MDL
S1
下一页

(显示画面会根据模型类型的不同有所区别)

图 2-35　功能设置界面

6）中立微调(SUB-TRIM)

中立微调具有设置各舵机中立位置的功能,如图 2-36 所示。另外也可对连杆连接状态下的舵面的中立进行微调整。

注意:开始设定中立微调时,必须先要将数字微调至于中心位置。

7）舵机反向(SERVO REVERSE)

此功能可将各通道舵机的动作方向反转,如图 2-37 所示。

8）失控保护(FAIL SAFE)

此功能可以预先设定当接收机接收不到遥控器的信号或者接收机电池缺电时舵机摇臂需要保持的位置,如图 2-38 所示。

9）舵机行程量(END POINT)

End Point 功能用来调整舵机左右两方向转动行程和差速转动,并可以用来纠正不正确

的连接设定,如图2-39所示。两方向行程可以在0%与140%之间进行调整,即通道1→通道12FASSTest→12CH模式。

在关联菜单下选择[SUB-TRIM]项,并按下RTN键,进入以下设定画面

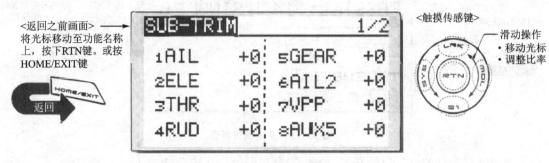

(显示画面会根据模型类型的不同有所区别)

图2-36 中立微调设定界面

在关联菜单下选择[REVERSE]项,并按下RTN键,进入以下设定画面

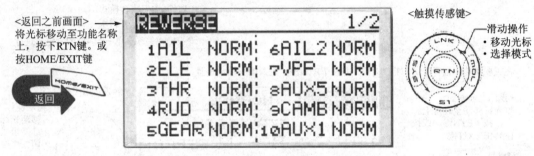

(显示画面会根据模型类型的不同有所区别)

图2-37 舵机反向界面

在关联菜单下选择[FAIL SAFE]项,并按下RTN键,进入以下设定画面

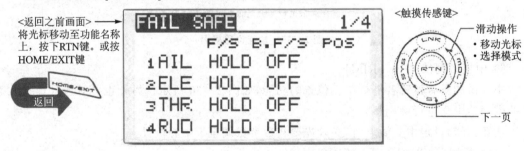

图2-38 失控保护界面

最大行程量限制点可以在0%与155%之间调整。设定此限制点后,即使混控等操作使得舵机行程增加,舵机的动作也不会超越限制点,从而起到保护舵机的锁定和连接的作用。

10)舵机速度(SERVO SPEED)

此功能可以设定1～12通道的舵机的速度,如图2-40所示。调整范围为0～27。0为速度最快的状态,随着数值的增加,速度越来越慢。

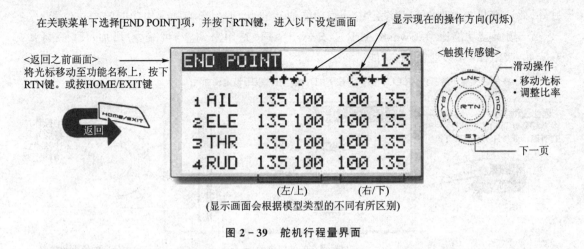

图 2-39 舵机行程量界面

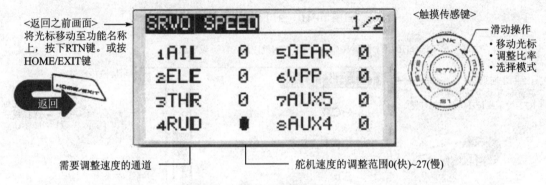

图 2-40 舵机速度界面

注意:设定为 0 时是指使用舵机速度最快的状态;使用 S.BUS 舵机时,如果设定完舵机速度后,重复在 S.BUS 舵机设定页面设定速度控制的话,速度就会改变,两者选其一设定;设定固定翼飞机时,如果设定完油门的舵机速度,重复设定油门延迟的话,速度就会改变,同样是两者选其一设定。

11) 油门熄火开关(THR CUT,固定翼飞机/直升机专用)

使用油门熄火功能,只须拨动一个开关即可轻松关闭发动机。为了安全起见,固定翼飞机在高速油门状态下(油门操纵杆在 1/3 位置以上时)熄火功能不会启动。当对直升机进行设定时,可以对动作的开始位置进行设定,如图 2-41 所示。

12) 怠速降低开关(IDLE DOWN,固定翼飞机专用)

怠速降低功能是指通过操作一个开关让发动机转速下降,如图 2-42 所示。

13) 倾斜盘环(SWASH RING,直升机专用)

此功能可以将倾斜盘的行程限制在一定范围内,防止同时操作副翼和升降舵时可能对倾斜盘连杆造成的损害。可取得较大舵角,适用于 3D 飞行等设置,如图 2-43 所示。

14) 倾斜盘设定(SWASH,仅适用于倾斜盘类型非 H-1 的直升机)

① 中立位置(Neutral Point)。如果在安装连接时,舵机摇臂偏移了中立位置时,倾斜盘设置中的连接补偿功能就不能很好地发挥作用,中立点设置能够读入连接补偿的中立位置。

另外,此调整只会改变倾斜盘设定中补偿功能的基准点,不会影响到其他功能的中立位置。

② 倾斜盘功能比率(Swash AFR)。Swash AFR 是用来调整(可减少/增加/反转)副翼、升降舵、桨距比率(移动益)的功能。

在关联菜单下选择[THR CUT]项,并按下RTN键,进入以下设定画面

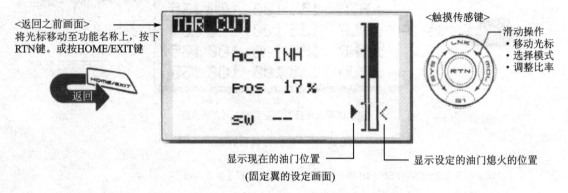

图 2-41 油门熄火开关界面

在关联菜单下选择[IDLE DOWN]项,并按下RTN键,进入以下设定画面

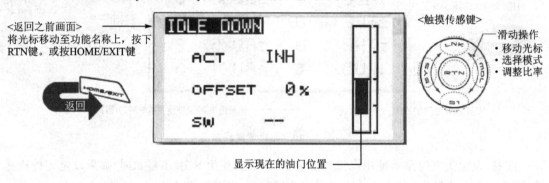

图 2-42 怠速降低开关

在关联菜单下选择[SWASH RING]项,并按下RTN键,进入以下设定画面

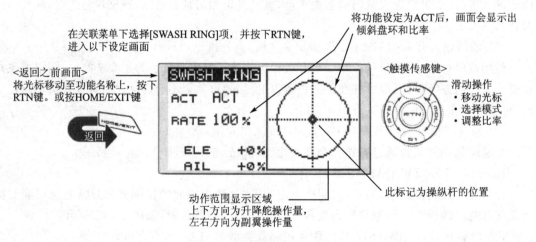

图 2-43 倾斜盘环设定界面

③ 混控比率(Mixing Rate)。混控比率是对每次副翼、升降舵、桨距操作进行补偿校正,

使其在正确的方向上移动。通常情况下使用默认值。

④ 连接补偿(Linkage Compensation)。当油门操纵杆处于高位或者低位时,连接补偿混控用来调整在操作副翼或者升降舵时所发生的相互干扰。

⑤ 速度补偿(Speed Compensation)。速度补偿功能用来调整由于操作倾斜盘而导致每个舵机行程不同时所发生的相互干扰。例如 HR-3 模式,在操作升降舵时,可以通过降低副翼和桨距舵机的动作速度来进行补偿。

⑥ 中立微调(Subtrim)。倾斜盘设定画面中,可以设定副翼、升降舵、桨距等的中立微调。

⑦ 桨距调整功能(Pitch Adjustment Function)。可以调整高、中、低桨距的固定输出。

15) 微调设定(T1-T4 SET)

此功能用于设定数字微调的动作与动作模式(组合模式/独立模式),另外还可更改主画面上微调显示的单位,以及设定记忆功能,如图 2-44 所示。(记忆功能是指不用实际操作微调开关的位置,仅通过图表显示使其回中。)

在关联菜单下选择[T1-T4 SET]项,并按下RTN键,进入以下设定画面

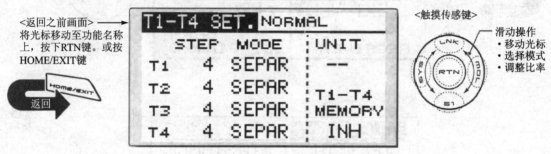

(显示画面会根据模型类型的不同有所区别)

图 2-44　微调设定界面

16) 警报(WARNING)

此功能可以设定或解除在打开发射机电源时所显示的各种混控报警,如图 2-45 所示,还可根据发射机电池设定,启动低电压报警时的电压值,同时可设置通过振动进行警报通知。

在关联菜单下选择[WARNING]项,并按下RTN键,进入以下设定画面

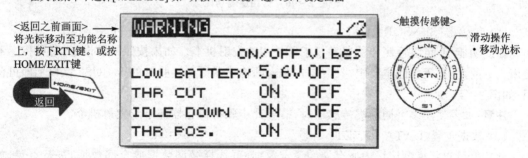

图 2-45　警报设定界面

注意:关于低电量报警设定,是针对一台发射机里的所有模型进行设定的,每个模型不能单独进行电压设定,另外数据也不能重置。

17）远程遥测功能（TELEMETRY）

此功能可以设定和显示来自接收机的各种信息，如图 2-46 所示，并可以针对各个信息启动声音和振动的报警，例如当接收机电池电压低于设定值时，可以通过发射机报警告知。注意仅在 FASSTest 模式下可以使用，FASSTestl2CH 模式下，仅可使用接收机电池电压、EXT 电池电压的遥测功能。如需要显示各种信息，需要另行购买传感器安装在机体上（接收机电压不需要传感器）。

在主画面状态下按[HOME/EXIT]键，调出以下设定画面

或者，在关联菜单下选择[TELEMETRY]项，并按下RTN键，调出以下设定画面

<返回之前画面>
将光标移动至功能名称上，按下RTN键。或按HOME/EXIT键

此符号显示信号自接收机→发射机的接收状况

<触摸传感键>
滑动操作
• 移动光标

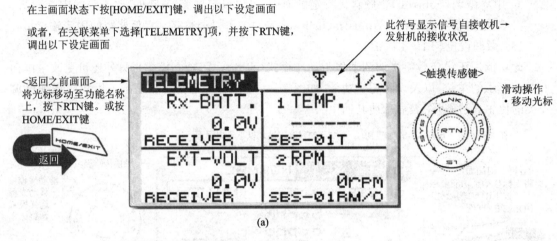

(a)

按S1键，显示第二页

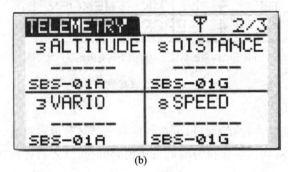

(b)

图 2-46　远程遥测功能

18）传感器（SENSOR）

在此功能中，可将遥测传感器登录于所使用的发射机上。如果按照初始设定：每种传感器使用 1 个的话，则无须此步设定，只需要将购入的传感器插在接收机的 S. BUS2 接口上即可使用，如图 2-47 所示。

注意：如要使用多个同种类传感器时，需要此步骤将传感器登录于发射机上。

19）数据重置（DATA RESET）

此功能可以将模型记忆中所存储的设定数据（可选择微调数据或全部数据）进行重置，如图 2-48 所示。

数据重置的步骤如下：

① 将光标移动至需要重置的项目上，按 RTN 键。

② 按住 RTN 键约 1 s，开始进行数据重置（中途要取消操作可滑动触摸传感器或单击 S1

键）。

☆ ［T1－T4］：T1～T4(所有条件下)的数据将被重置。

☆ ［ALLMODELSETTING］：除了系统类型、模型选择、低电压以及模型类型以外，关联菜单和模型菜单内的所有设定数据都会被重置。

☆ ［TELEMETRY］：远程遥测、传感器等全部设定数据都将被重置到初始值。

在关联菜单下选择[SENSOR]项，并按下RTN键，进入以下设定画面

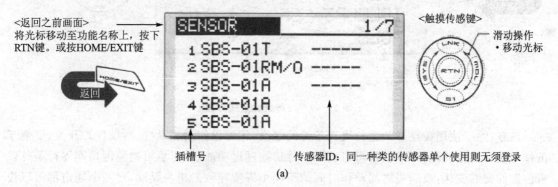

(a)

按S1键，显示第二页

(b)

图 2－47　传感器界面

在关联菜单下选择[DATA RESTE]项，并按下RTN键，进入以下设定画面

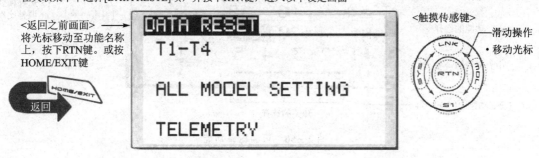

图 2－48　数据重置界面

(5) 通用模型菜单介绍

1) 飞行条件选择（CONDITION，适用于直升机/滑翔机）

通过使用条件选择功能可以设定飞行条件开关，通过开关可以切换各飞行条件，如图 2－49 所示。最多可设定 5 个飞行条件进行切换使用。但是为了安全起见，不使用的条件设定为【－－】。

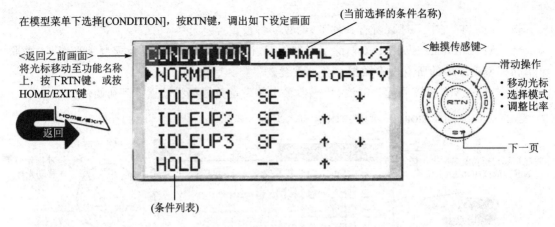

图 2-49　飞行条件选择界面

注意：除了使用拨动开关进行飞行条件的切换，还可以使用操纵杆、滑动杆等开关，更便于条件切换和其他的操作联动，还可以设定条件切换延迟功能，设定后可避免因切换飞行条件舵机位置的突然变化，或通道之间动作时间的不同步等所导致的机身晃动，每一个通道都可以设置。当对转换的目标条件进行延时设定后，根据设定量的大小，相应的功能会在一定延时之后才转变。当设定多个飞行条件时，可以自由调整它们之间的优先级顺序。

2）可调比率功能（双比率）（DUAL RATE，适用所有模型类型）

通过双可调比率设定功能，可以对每个条件内或每一个开关的副翼、升降舵、方向舵的舵角进行设定（见图 2-50），使用固定翼时，还可对油门的 EXP 曲线进行设定。双比率功能一般是在调整完 EPA 功能的最大舵角后进行设定。

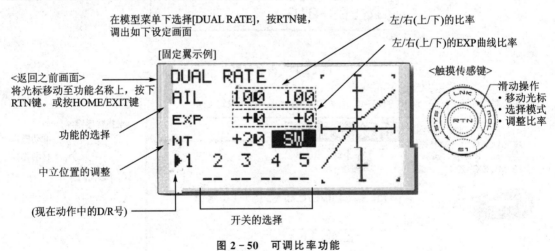

图 2-50　可调比率功能

3）程序混控（PROG. MIX，适用所有模型类型）

此程序混控可创建 5 个系统，可以用于修正机体飞行时出现的各种情况，如图 2-51 所示。

① 关联功能：可以设定和其他混控的关联性。可对主动通道（masterch）和被动通道（slavech）分别进行设定。

在模型菜单下选择[PROG.MIX]，按RTN键，调出如下设定画面

图2-51　程序混控设置界面

② 微调模式开/关：可设定包含主动通道微调操作的混控。

③ 混控开/关：可设定混控 ON/OFF 的开关。

④ 混控曲线：可选择线性曲线或 5 点曲线。如需要更为简单的曲线也可以将 5 点曲线的点数减少。

4）燃料混控（FUEL MIX，适用于固定翼/直升机）

此功能是在使用带燃料混控功能化油器的发动机时，用来精准调整油针的专用混控功能，如图 2-52 所示。

在模型菜单下选择[FUEL MIX]，按RTN键，调出如下设定画面

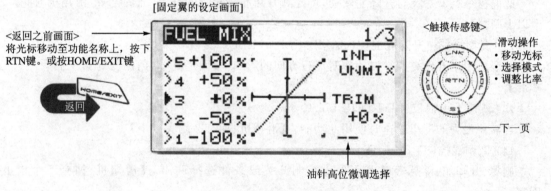

图2-52　燃料混控界面

注意：初始设定时燃料混控是并未分配通道的。在使用此功能之前，先在关联菜单[LINK MENU]中使用[FUNCTION]功能，将空置的通道分配给[FUEL MIX]。另外，确认[FUEL MIX]的[CTRL]和[TRIM]项都要设定为[---]。

（6）模型菜单功能列表

1）螺距曲线（PITCH CURVE）

可使用 VPP（可变螺距螺旋桨）功能。【固定翼通用功能】

2）油门曲线（THR CURVE）

设定油门曲线可以让发动机根据油门操纵杆的动作达到最佳的飞行状态。电动机功能的曲线设定也可使用。【固定翼/滑翔机通用】

3）油门延迟（THR DELAY）

可以让油门舵机的动作速度延迟。适用于喷气发动机。【固定翼/滑翔机通用】

4）副翼差动（AIL DIFFERENTIAL）

左右副翼可分别进行差动调整。蝴蝶翼型混控时的差动也可以调整。【固定翼/滑翔机、拥有 2 个以上副翼】

5）襟翼设定（FLAP SETTING）

各襟翼的上/下舵角可以分舵机单独调整。【固定翼/滑翔机、拥有 2 个以上襟翼】

6）副翼—翼型襟翼混控（AIL to CAMB. FLP）

此混控令翼型襟翼与副翼联动。可改善滚转轴的运动性能。【固定翼/滑翔机、拥有 2 个以上副翼＋襟翼】

7）副翼—刹车襟翼混控（AIL to BRKFLP）

此混控令刹车襟翼与副翼联动。可改善滚转轴的运动性能。【滑翔机、拥有 4 个以上襟翼】

8）体副翼—方向舵混控（AIL to RUD）

此混控令方向舵与副翼联动。可利用较小的侧倾角进行转弯。【固定翼/滑翔机通用】

9）方向舵—副翼混控（RUD to AIL）

此混控用来改善滚转系动作（特技机横滚）和侧飞特性。【固定翼/滑翔机通用】

10）翼型舵面混控（CAMBE RMIX）

此混控用于翼型舵面的调整与升降舵的补正联动。【固定翼/滑翔机、拥有 2 个以上副翼】

11）升降舵—翼型襟翼混控（ELE to CAMBER）

此混控令翼型襟翼与升降舵联动，可提高升降舵拉起时的升力。【固定翼/滑翔机，拥有 2 个以上副翼】

12）翼型襟翼—升降舵混控（CAMB. FLP to ELE）

此混控用来补偿翼型襟翼动作对飞行方向的影响。【固定翼/滑翔机、2 个以上副翼＋1 个襟翼】

13）蝴蝶翼型混控（BUTTERFLY/Crow）

当需要强力的刹车减速时使用此功能。【滑翔机、拥有 2 副翼以上】

14）微调混控（TRIM MIX）

副翼、升降舵、襟翼等微调可以由控制开关或条件选择调出。【滑翔机、拥有 2 个以上副翼】

15）空气刹车（AIR BRAKE）

飞行中需要减速的动作如着陆或急降等需使用此功能。【固定翼、拥有 2 个以上副翼】

16）陀螺仪（GYRO）

使用 GYA 系列陀螺仪时的专用混控功能。【固定翼/滑翔机通用】

17）V 型尾翼（V-TAIL）

用于调节 V 型尾翼布局飞机的升降舵和方向舵。【V 型尾翼结构的固定翼/滑翔机】

18）副翼升降舵（2 舵机规格升降舵）（AILEVATOR/DUALELEVATOR）

用于副翼升降舵机型的升降舵、副翼的调整。（用升降舵发挥副翼的功能。）【固定翼/滑翔机、副翼升降舵规格】

19）翼梢小翼（WINGLET）

用于调整飞翼模型的左右方向舵。【固定翼/滑翔机、翼梢小翼规格】

20）电动机控制 MOTOR

适用于如 FSB 项目的电动滑翔机等,可以用开关来启动电动机。【固定翼/滑翔机通用功能】

21）方向舵—升降舵混控(RUD to ELE)

此混控用于调整特技飞机的横滚特性和侧飞性能。【固定翼通用功能】

22）快速横滚功能(SNAP ROLL)

此功能用来选择横滚控制开关,调节每一个舵面的角度,并且可以调整舵机动作速度。
【固定翼通用功能】

任务 2.2　锂电池充电器

一、任务导入

学会为锂电池充电是一项必备的技能,锂电池充电器的使用方法较为简单,多是一些模式的选择以及充电器配件的连接。本节内容中采用了 B6、PL8 等常见无人机锂电池充电器,为本次的充电器教学增加了难度。

二、任务分析

1. 任务要求

① 学习并掌握锂电池充电器部件连接方法。

② 学习并掌握锂电池充电器使用方法。

2. 实施方法

（1）理论教学

组织形式:以班级为单位进行双师云课堂或线下授课。

教学方法:采用多媒体教学并结合实物、挂图进行理论讲授。

（2）实训教学

组织形式:对班级全体学生分组,每组控制在 6～8 人。

教学方法:老师示范,学生自行讨论研究并轮流动手操作,助教巡回指导,并将问题反馈给老师。或老师示范后,学生分组操作,老师巡回指导。

三、任务实施

第一步:知识准备

引导问题 1:常用的无人机锂电池充电器有哪些?

（1）B3 充电器

B3 充电器是一个简易平衡式充电器,具有简单实用、小而轻巧、平衡性能好的特点,并且充满电后自动断电,如图 2-53 所示。B3 充电器支持 2S-3S 锂电池充电,具有 20 W 的大功率与交流功能,其分离相应平衡端口与每个电子组的特点更是从性能上优化了 B3 充电器。

（2）B6 充电器

B6 充电器是一台多功能、支持双输入,内置高性能微处理器与专业操控软件的快速充电/

放电器(见图 2-54),它支持的充电电池种类包括 Li-ion、Li-Poly。它最多支持 6 串聚合物锂电池的平衡充电方式,充电电流最高可达 6 A(80 W),同时它还具有放电功能,放电电流最大为 2 A(10 W)。B6 充电器内置聚合物锂电池平衡器,可以对 2 串、3 串、4 串、5 串、6 串聚合物锂电池进行平衡充电,使充电效果更好,机身侧面还设计有温度传感器接口。B6 充电器采用了一个带背光的点阵液晶显示器,可以显示操作菜单和充电状态,既方便直观,也十分美观。

图 2-53　B3 充电器

(3) PowerLab 8 充电器

PowerLab 8 系列充电器是目前最快速的充电器,需要配电源(24 V/1 000 W 以上)、输出线、平衡板等,最大支持 9 个 8S(PL6 为 6S)锂电池同时以 40 A 超大电流充电,如图 2-55 所示,平衡速度也是惊人的快,一般来说,2 个 3S 电池只需 8 min 左右即可充完电,2 个 6S 3 300 mAh 的电池大约 10 min 充完,2 个 6S 5 200 mAh 的电池大约 12 min 充完,大大节约了充电时间。另外 PL8 和 PL6 的区别是 PL8 最高支持 8S 的锂电池充电,PL6 最高支持 6S 的锂电池充电,并且都是以 40 A 的电流充电。

图 2-54　B6 充电器

图 2-55　PowerLab 8 充电器

引导问题 2:PowerLab 8 充电器各部件与电池如何连接?

PowerLab 8 充电器的配件有 PowerLab 8 充电器单体(充电器上含有电源连接线)、并充板(见图 2-56)、充电器电源(见图 2-57)、电源连接线,充电流程如图 2-58 所示。

图 2-56　并充板

图 2-57　充电器电源

图 2 - 58　PowerLab 8 充电器充电流程

引导问题 3：充电器的使用注意事项有哪些？

① 不要在无人照看的情况下使用充电器。如果有任何功能异常，立刻中断充电并对照说明书查明原因。

② 确保充电器远离灰尘、潮湿、雨、高温，避免阳光直射及强烈振动，不要碰撞充电器。

③ 不同功率的充电器直流输入电压不同，如 B6 充电器支持直流输入电压为 11～18 V。

④ 将充电器放置在耐热不易燃且绝缘的表面。不要放置在车座、地毯等类似的地方，确保充电器的操作区域远离易燃易爆物品。

⑤ 确保已经充分了解充电/放电的电池规格，并使充电器里面的设置同电池一致。如果程序设定不对，充电器及电池都可能损坏。过充可能引起火灾，甚至爆炸。

第二步：充电器使用介绍（以 B6 充电器为例）

（1）B6 充电器各部位名称及连接

B6 充电器产品标配部件有 B6 充电器、直流输入充电线、T 头＋XT60 充电线、剥线＋XT60 充电线。

连接方法：

1）充电器连接电池或适配器

① 连接 12 V 直流电池，如图 2 - 59 所示。

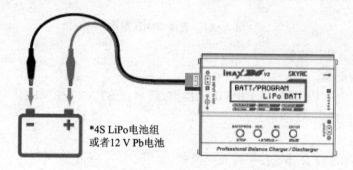

*4S LiPo电池组
或者12 V Pb电池

图 2 - 59　连接电池

② 连接 11～18 V 适配器，如图 2 - 60 所示。

2）连接锂电池

① Lipo 电池连接，如图 2 - 61 所示。

注意：电池的平衡线必须连接到充电器，始终记住在连接中保持正确的极性，参阅图 2 - 61。该图显示了在平衡充电模式下连接 LiPo 电池，在其他模式下，没有连接平衡线的电池连接到充电器中的平衡插座，建议在平衡模式下为电池充电，以便获得更好的性能效果。

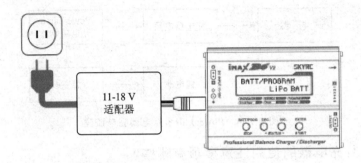

图 2-60 连接电源适配器

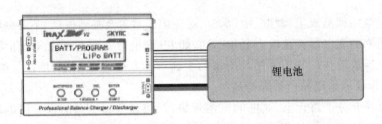

图 2-61 连接锂电池

② NiMH/NiCd 或者 Pb 电池连接,如图 2-62 所示。

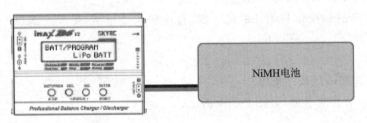

图 2-62 连接 NiMH 电池

(2) B6 充电器使用流程

1) 选择电池类型

按 START/ENTER 键选择 LIPo 电池类型,然后按 START/ENTER 键进入下一步,如图 2-63 所示。

2) 模式设置

按 START/ENTER 键选择平衡充电模式,如图 2-64 所示。

**B6 充电器的
使用步骤**

图 2-63 选择电池类型   图 2-64 模式设置

3) 充电电流设置

按 START/ENTER 键,充电电流将会闪烁,按 INCandDEC 键选择充电电流,按

START/ENTER 键确认。同时,电池节数将会闪烁,按 INCandDEC 键选择正确的电池节数,按 START/ENTER 键确认刚刚设置的参数,如图 2-65 所示。

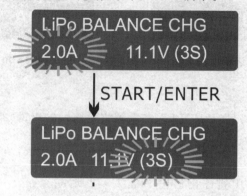

图 2-65　充电电流设置

4）程序启动

按住 START/ENTE 键 3 s 即可进入充电,如图 2-66 所示。

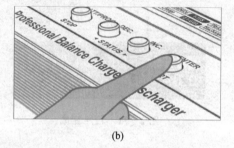

(a)　　　　　　　　　　　　　　　　(b)

图 2-66　程序启动

5）充电器自动检测

充电器正在检测电池,如图 2-67 所示。

6）设置参数检查

R 和 S 显示的内容是在确认充电之前设置的参数,如果两个数字不一样,按 STOP 键返回上一步重新检查,如图 2-68 所示。

图 2-67　充电器自动检测 　　　　　　　　图 2-68　设置参数检查

7）确认参数完毕

R 和 S 显示的内容是在确认充电之前设置的参数,如果两个数字一样,按 START/EN-TER 键启动充电,如图 2-69 所示。

8）充电状态显示

在充电过程中,实时状态如图 2-70 所示,单击 INC 或 DEC 键,屏幕上将显示更多状态。

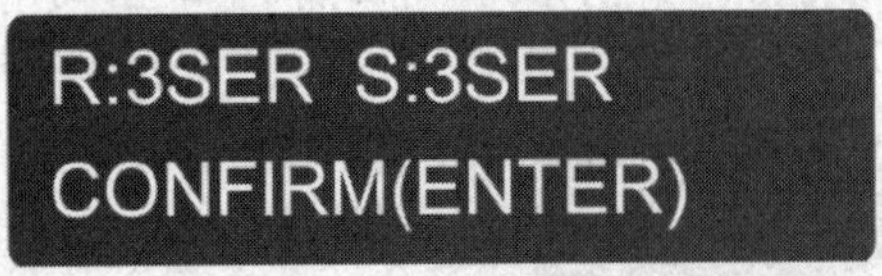

R:3SER S:3SER
CONFIRM(ENTER)

图 2-69　确认参数

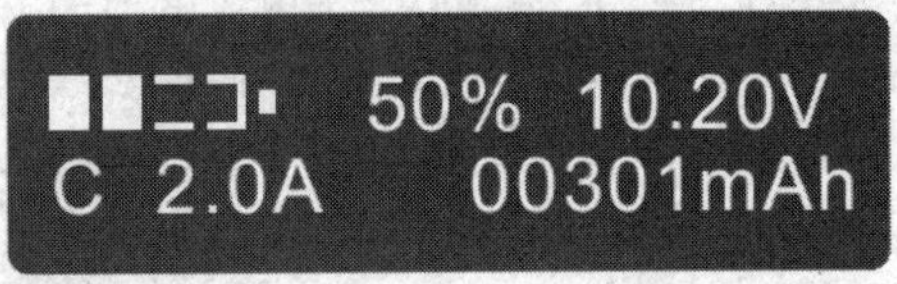

■■ニコ· 50% 10.20V
C 2.0A 00301mAh

图 2-70　充电状态显示

9）程序完成

电池充满电后，屏幕将显示"FULL"，充电器将发出振铃声，同时充电器还显示电池电压、充电容量以及充电时间，如图 2-71 所示。

10）程序停止

在充电过程中按 STOP 键停止充电，如图 2-72 所示。

■■■■· FULL 12.61V
0.0A 00568mAh

■■■■· FULL 12.61V
0.0A 00:05:25

图 2-71　程序完成

图 2-72　程序停止

任务 2.3　地面站

一、任务导入

无人机地面站有多种类型，不同的地面站有不同的使用方法，不过也是大同小异。无人机地面站的目的是增强无人机自主作业的能力，使飞行任务更加简易、精确，同时减少无人机飞行事故的发生。本次任务以 AheadX 地面站为例来学习地面站的使用步骤和注意事项。

二、任务分析

1. 任务要求

① 学习并掌握地面站的界面介绍。

② 学习并掌握不同地面站的使用方法。

2. 实施方法

（1）理论教学

组织形式：以班级为单位进行双师云课堂或线下授课。

教学方法：采用多媒体教学并结合实物、挂图进行理论讲授。

（2）实训教学

组织形式：对班级全体学生分组，每组控制在 6～8 人。

教学方法：老师示范，学生自行讨论研究并轮流动手操作，助教巡回指导，并将问题反馈给老师。或老师示范后，学生分组操作，老师巡回指导。

三、任务实施

第一步：知识准备

引导问题 1：地面站的作用有哪些？

地面站，就是在地面的基站，用来指挥无人机，如图 2-73 所示。地面站可以分为单点地面站与多点地面站，无人机地面站是整个无人机系统中非常重要的组成部分，是地面操控人员直接与无人机交互的渠道。具有任务规划、任务回放、实时监测、数字地图、通信数据链在内的集控制、通信、数据处理于一体的综合能力，是整个无人机系统的指挥控制中心。

图 2-73　地面站

地面站系统具有下面几个典型的功能：

① 飞行监控功能：无人机通过无线数据传输链路下传飞机当前各状态信息，地面站将所有的飞行数据保存，并将主要的信息用虚拟仪表或其他控件显示，供地面操控人员参考，同时根据飞机的状态，实时发送控制命令，操控无人机飞行。

② 地图导航功能：根据无人机下传的经纬度信息将无人机的飞行轨迹标注在电子地图上，同时可以规划航点航线，观察无人机任务执行情况。

③ 任务回放功能：根据保存在数据库中的飞行数据，在任务结束后使用回放功能可以详细地观察飞行过程的每一个细节，检查任务执行效果。

④ 天线控制功能：地面控制站实时监控天线的轴角，根据天线返回的信息对天线校零，使之能始终对准飞机，跟踪无人机飞行。

引导问题 2：常用的地面站软件有哪些？

1）AheadX Space V3 Pro

AheadX Space V3 Pro 是 AheadX 为 SAGI/LEO/Taurus 定制开发的第四代地面站系统（见图 2-74），除支持 AheadX Space 全部功能以外，新一代地面站支持一站控多机，提供了一站 3 机全系统解决方案，支持用户数据链接入定制，可扩展至 3 机以上控制。

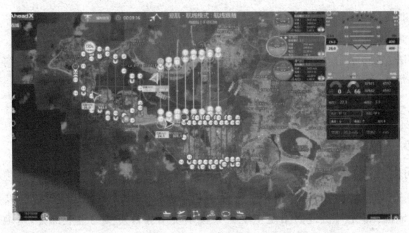

图 2-74　AheadX Space V3 Pro 地面站

2）大疆智图地面站

大疆智图地面站软件是一款提供自主航线规划、飞行航拍、二维正射影像与三维模型重建的 PC 应用软件，如图 2-75 所示。一站式解决方案帮助行业用户全面提升航测内外业效率，将真实场景转化为数字化场景。

图 2-75　大疆智图地面站

大疆智图地面站具有高效的航测解决方案，将信息全部数据化，具有稳定的航线规划功能。对于航测行业来说，它还具有模型重建、数据分析、后期处理等功能，提高了航测作业的效率。

引导问题 3：地面站系统的典型配置包括哪些？

目前，一个典型的地面站由一个或多个操作控制分站组成，主要实现飞行器控制、任务控制、载荷操作、载荷数据分析以及系统维护等功能。

（1）系统控制站

在线监视系统的具体参数，包括飞行期间飞行器的健康状况、飞行数据以及告警信息。

（2）飞行器操作控制站

飞行器操作控制站提供良好的人机界面来控制无人机飞行，其组成包括命令控制台、飞行参数显示、无人机轨道显示以及一个可选的载荷视频显示。

（3）任务载荷控制站

用于控制无人机所携带的传感器，它由一个或几个视频监视仪和视频记录仪组成。

（4）数据分发系统

用于分析和解释无人机获得的图像。

（5）数据链路地面终端

包括发送上行链路信号的天线和发射机，捕获下行链路信号的天线和接收机。数据链应用于不同的 UAV 系统，主要实现以下功能：用于给飞行器发送命令和有效载荷数据；接收来自飞行器的状态信息和有效载荷数据。

（6）中央处理单元

包括一台或多台计算机，主要功能：获得并处理从 UAV 传来的实时数据；显示处理；确认任务规划并上传给 UAV；电子地图处理；数据分发；飞行前分析；系统诊断。

第二步：地面站使用介绍（以 AheadX 地面站为例）

（1）AheadX Space V3.0 软件安装

1）硬件要求

操作系统：Windows7 及以上版本。

处理器：双核 2.0 GHz 或更高。

内存（RAM）：4 GB 或更高。

剩余硬盘空间：2 GB（保存日志和离线地图，将需要更多空间）以上。

屏幕分辨率：1 366×768 及以上。

端口：USB 2.0/USB 3.0。

网络连接：需连接互联网以获取地图（或下载离线地图），使用远程协助。

2）安装步骤

① 下载安装文件，双击运行安装文件，选择安装地址（非中文路径），如图 2-76 所示。千万不要安装到系统盘下，避免自动记录日志功能受到系统限制。

图 2-76　选择安装地址

② 进行下一步,如图 2 - 77 所示。

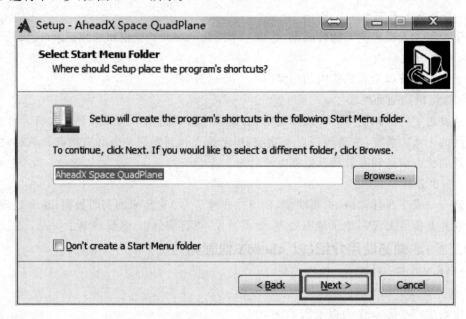

图 2 - 77　进行下一步

③ 再进行下一步,如图 2 - 78 所示。

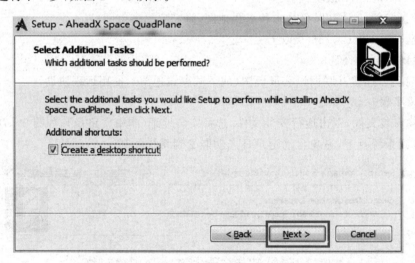

图 2 - 78　下一步

④ 执行安装,如图 2 - 79 所示。

⑤ 等待安装完成,如图 2 - 80 所示。

⑥ 安装完毕,注意阅读更新内容、新增功能等 ,如图 2 - 81 所示。

⑦ 结束安装,如图 2 - 82 所示。

3)地面站授权方法

AheadX Space 新版本支持自动授权功能,连接飞控后会自动识别相应飞机类型,单击参数同步按钮完成自动授权。

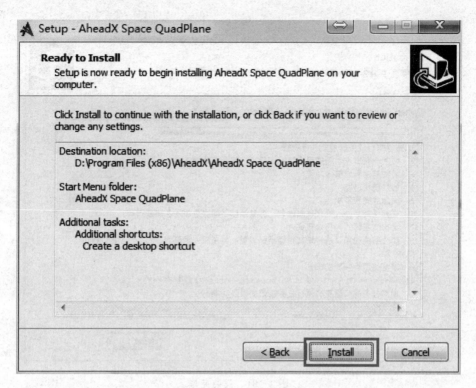

图 2 - 79　执行安装

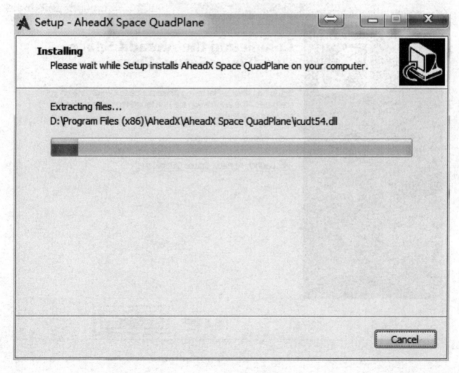

图 2 - 80　等待安装完成

图 2-81　安装完毕

图 2-82　结束安装

（2）地面站界面介绍

1）机型管理界面

软件启动后，进入机型管理界面，机型管理包括连接同步界面和参数管理界面，如图 2-83 所示。

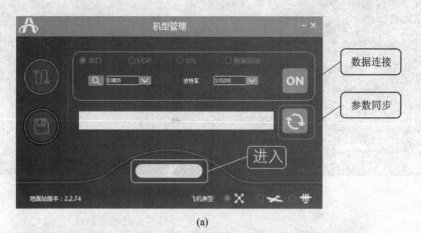

(a)

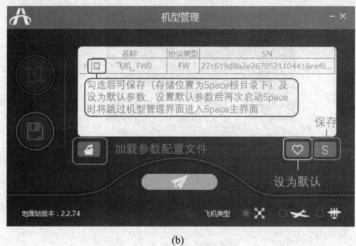

(b)

图 2-83　连接同步界面

2）主界面

进入主界面后，整体背景将显示为地图，其他功能操作面板及信息显示则分布在整个显示区域，如图 2-84 所示。包括 HUD、关键信息、状态栏、飞行操作区、数据连接、编辑区、配置面板、地图操作区等。

① HUD。HUD（Head-Up-Display）平视显示器用于将飞行器的姿态、高度、速度等关键参数直观地显示在合适位置，方便地面站操控员实时观察掌握飞行器状态，如图 2-85 所示。

② 关键信息区。该部分显示飞控关键信息，出于用户需求以及易用性考虑，该部分以磁贴的形式进行展示，用户可以自由选择需要关注的信息，并且可以自由拖动磁贴，根据关注优先级进行排布，如图 2-86 所示。

图 2-84 主界面

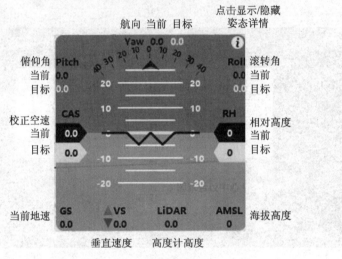

图 2-85 HUD

③ 状态栏。飞控状态区将会显示飞控当前模式状态、切换原因以及应答信息等重要内容,如图 2-87 所示。

④ 飞行操作区。飞行操作区是 AheadX Space 最主要的操作区域,用于飞控模式切换、参数调节、数据连接、信息查看等重要操作,如图 2-88 所示。Space V3.0 对飞行操作区进行了大量的简化和优化设计,用户界面更为简单友好,方便用户快速执行操作指令。

⑤ 数据连接。本页面用于设置与飞控的数据连接方式和端口,辅助摇杆地面连接端口的设置,如图 2-89 所示。

⑥ 编辑区。编辑区包括任务航线编辑面板、降落航线编辑面板、起飞前检查面板、数据信息面板、动态回收。

☆任务航线编辑面板。编辑规划任务航线,并进行管理及上传下载等,如图 2-90 所示。AheadX Space 支持 9 条任务航线,每条航线支持 200 个航点。

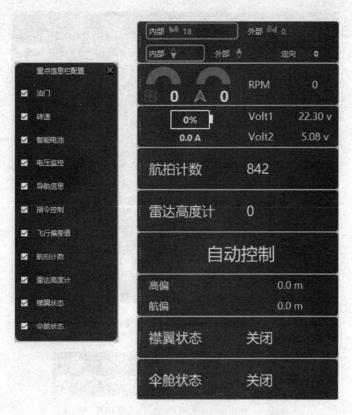

图 2 - 86　关键信息区

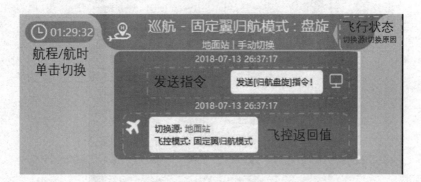

图 2 - 87　状态栏

图 2 - 88　飞行操作区

图 2 - 89　数据连接

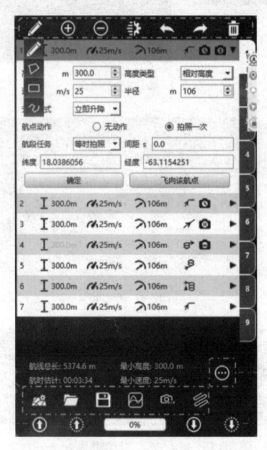

图 2 - 90　任务航线编辑面板

☆ 降落航线面板。LEO支持滑跑起飞降落、弹射起飞开伞降落、弹射起飞滑跑降落三种起降方式,还可通过参数设置扩展出手抛起飞、深失速降落等功能。通过权限定制,可开放阻拦网/索回收、动态回收等功能。

☆ 起飞前检查面板。

任务登记:本页面用于登记人员及任务信息,如图2-91所示。

图2-91 任务登记

人工检查:此步骤需要地勤人员进行详细检查,如图2-92所示。

图2-92 人工检查

传感器状态:单击"开始检查",将会自动判断传感器状态并给出反馈,如图2-93所示。

图2-93 传感器状态

磁罗盘状态:进入该检查界面将自动刷新磁罗盘信息,如果磁罗盘出现黄色警示可进行"一键校准"。如出现磁罗盘报红显示有干扰状态,先排查干扰源,如无干扰,进行磁罗盘高级校准操作,如图2-94所示。

图2-94 磁罗盘状态

摇杆状态:自动检测摇杆连接状态,摇杆连接正常应显示杆量与实际打杆一致,如图2-95所示。

执行机构:根据执行机构所示步骤对飞行器进行检查,由机组成员协助完成,如图2-96所示。

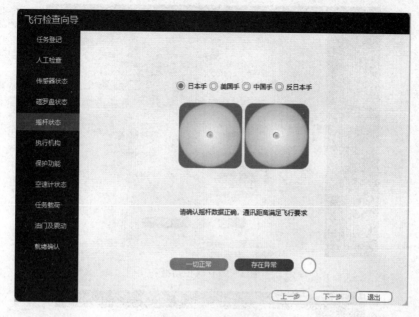

图2-95 摇杆状态

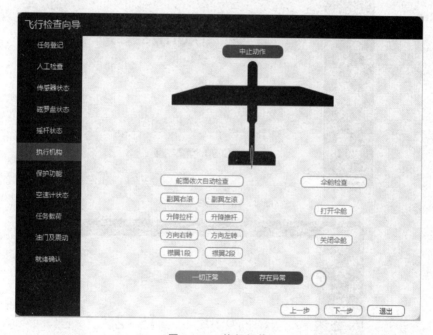

图2-96 执行机构

保护功能:打开该界面将自动刷新当前飞控保护参数,检查无误后,单击一切正常按钮并通过检查,如保护参数设置错误,进入Master调参软件进行配置,如图2-97所示。

空速计状态:检查静止无风状态下空速测试值是否小于5 m/s,如果测量值大于该值,进行空速清零操作,需连续单击按钮四下,如图2-98所示。

任务载荷:手动拍照检查相机实际拍照数量与飞控记录值是否一致,每次作业前建议清空上次POS记录数据,如图2-99所示。

图 2-97　保护功能

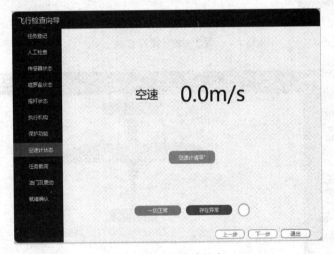

图 2-98　空速计状态

图 2-99　任务载荷

油门及震动:检查前确保飞行器已被可靠固定,启动螺旋桨不会造成人员伤害或设备损坏,依次单击油门百分比按钮,进行不同油门下的震动值采集,过程中可随时中止动作,熄火指令需鼠标左键连续单击四下生效,如图2-100所示。

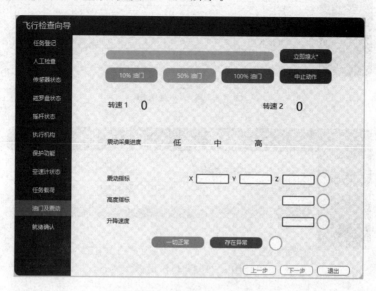

图2-100 油门及震动

就绪确认:检查完成后单击完成按钮弹出确认对话框,确认后生成起飞检查报告,生成位置:地面站软件根目录/Report/TakeOffCheck,可直接打开查看,如图2-101所示。

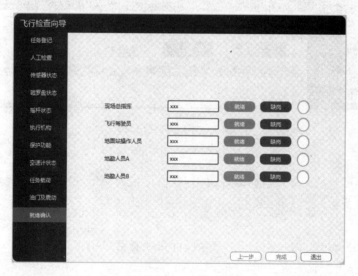

图2-101 就绪确认

☆ 数据信息面板。

飞控信息:此页面可查看飞控固件版本和权限管理,如图2-102所示。

POS数据:此页面可检查拍照功能和导出POS数据,文件存储一栏选择数据导出位置,单击下载按钮导出机载POS数据;鼠标连续单击四下清除信息按钮和清空飞控POS数据,如图2-103所示。

图 2 - 102　飞控信息

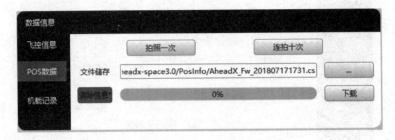

图 2 - 103　POS 数据

机载记录:飞控机载飞行数据管理界面,获取机载数据状态后可执行下载操作。鼠标连续单击四下清除信息按钮清空飞控机载数据,如图 2 - 104 所示。

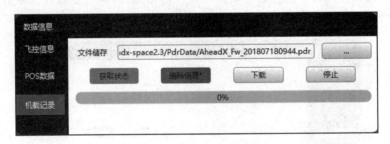

图 2 - 104　机载记录

☆ 动态回收。

该功能需要配合 AheadX 信标设备使用,将信标接入 AheadX Space,搜索并打开设备串口,如图 2 - 105 所示。

⑦ 配置面板。

配置 AheadX Space 的一系列基本参数,可在配置菜单中查找并修改。按 Esc 键或者鼠标,单击图标会弹出配置面板。

☆ 参数默认值。该页面显示 AheadX Space 启动时默认加载的航点、归航点、指令模式参数默认值,若在启动地面站前同步过飞控参数、航点、归航点速度与半径,该页面将会更新到当前飞控参数,如图 2 - 106 所示。

☆ 功能配置。该页面配置飞行器相关功能参数,若在启动地面站前同步过飞控参数、起降方式、降落伞,发动机电启动后将会更新到当前飞控参数。

变更上行频率:勾选后地面站转发遥控器数据频率将提升到 20 Hz,如图 2 - 107 所示。

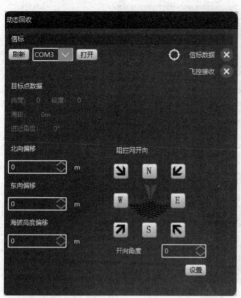

图 2 - 105　动态回收

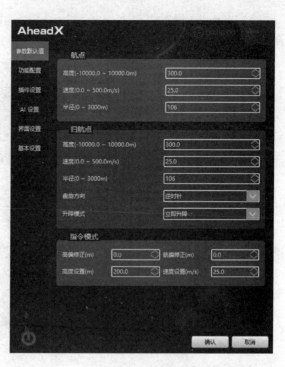

图 2 - 106　参数默认值

插件设置：Space V3.0 采用全新插件化设计，可自由配置是否启用相关插件，可根据用户需求进行插件深度定制，如图 2 - 108 所示。启用或禁用插件后需要重启地面站才可生效。

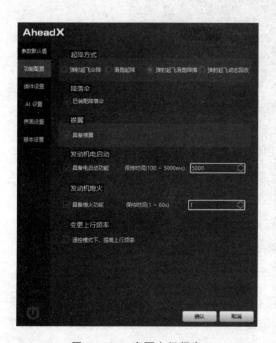

图 2 - 107　变更上行频率

图 2 - 108　插件设置

AI 设置:AI 设置中可对电池监测电压、空速超限、俯仰滚转角度警报值进行修改,如图 2-109 所示。

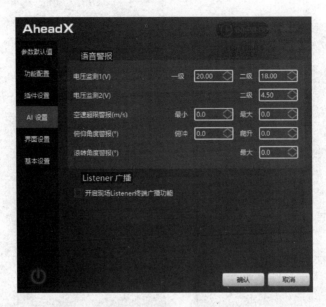

图 2-109　AI 设置

界面设置:可配置软件界面配色、字体大小、各模块界面尺寸,后两者可适用于配置高分屏显示器等用途,如图 2-110 所示。

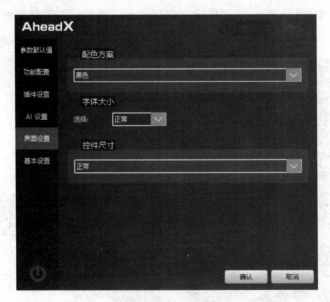

图 2-110　界面设置

基本配置:进行地面站语言、时区、单位、地图相关配置,如图 2-111 所示。地图中心:飞控离线状态下,地面站默认加载地图中心位置。中国大陆纠偏:在国内飞行时勾选以纠正地图偏移问题。

⑧ 地图操作区(见图 2-112)。

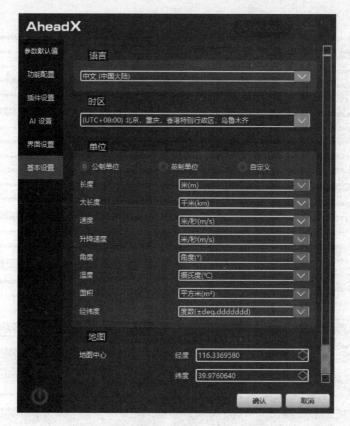

图 2 - 111　基本配置

图 2 - 112　地图操作区

3) 更多功能

一些使用率高,且不用固定显示在主界面的功能被放置在右击出现的菜单中。

① 视频窗口。目前支持视频通过网络、采集卡接入地面站,支持视频接入方案定制。

② 遥测信息栏。AheadX Space 可将飞控发出的所有遥测信息全部显示,用于专业分析等

用途,如图 2 - 113 所示。

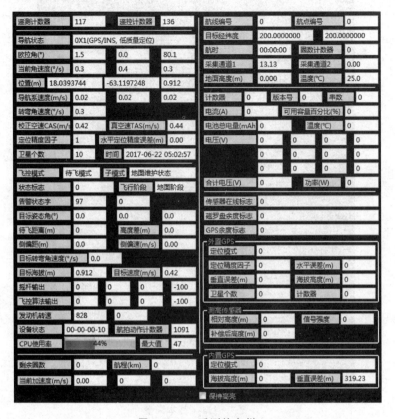

图 2 - 113　遥测信息栏

③ 遥控摇杆。该面板集合了遥控器摇杆量监测和遥控指令,在使用遥控飞行时可快速呼出。固定翼姿态遥控指令双击生效,舵面遥控指令连续单击四下生效,如图 2 - 114 所示。

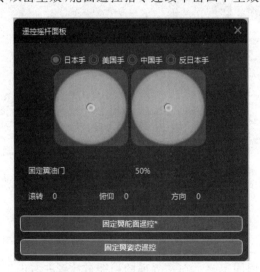

图 2 - 114　摇　杆

④ 估计风速。地面站根据当前飞行状态计算出实时风速与风向,理论计算值仅供参考。

⑤ 任务舵机。AheadX 系列导航飞控系统具备任务舵机功能,用于扩展任务载荷的兼容接入,具备高度的自定义配置功能,例如控制吊舱设备收放机构、吊舱设备转动指令、投放伺服机构等。此处"舵机"为广义的伺服机构,可以是舵机、信号控制端等。

4)功能指令

功能指令用来发送一些使用频率较低的关键命令,在右击出现的菜单中选择功能指令进行设置,如图 2-115 所示。

① 磁偏角。地面站拥有离线的全球磁偏角数据库,用户可通过点选地图获取当地磁偏角信息,获取完成后单击设置上传,单击读取可查询当前飞控磁偏角信息,如图 2-116 所示。

图 2-115 功能指令

② 功能指令。功能指令包括航时航程、使用期限、航线合并相、空速校准,如图 2-117 所示。

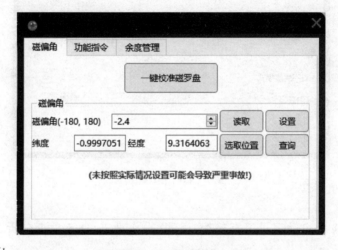

图 2-116 磁偏角

图 2-117 功能指令

航程:在飞行状态下,通过 GNSS 定位信息累计统计,飞控断电后将清空。清空航时航程:在待飞模式下,可同时清除已记录的航时航程。

使用期限:可读取或修改飞控使用期限,联系 AheadX 获取相关授权序列号,复制使用期限一栏,单击设置,设置后单击读取可检查当前使用期限。

航线合并:LEO 支持航线间合并和自动跳转功能,可在功能指令界面配置需要合并的航线条数。

校准空速计:可使用该功能校准静止无风状态下检测到的异常空速现象,须在待飞状态下进行本操作。

③ 余度管理。可配置磁罗盘和 GNSS 余度,如图 2 - 118 所示。

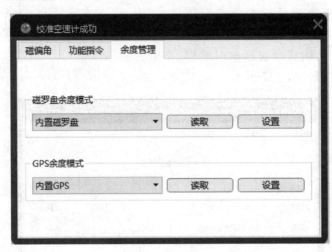

图 2 - 118　余度管理

5) 日志管理

AheadX Space 可自动记录所有遥控、遥测、操作日志,便于后期分析、学习、管理等,如图 2 - 119 所示。

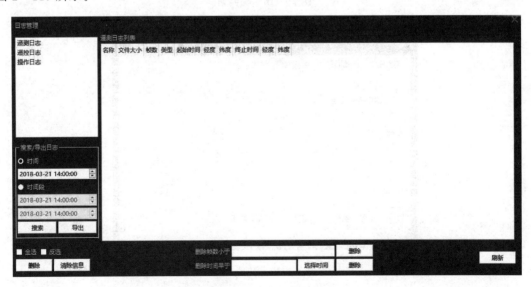

图 2 - 119　日志管理

6）远程协助

配合 RSS Remote Assistant 使用，与 AheadX 技术支持人员取得电话联系后，地面控制软件所在设备在可访问互联网的前提下，单击开始远程服务，即可发起远程协助申请，如图 2-120 所示。

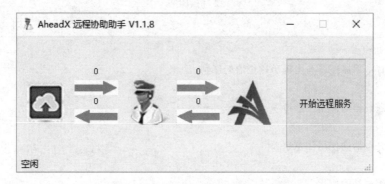

图 2-120 远程协助

7）日志播放

需要对飞行数据进行回放、分析时，可使用日志播放工具进行回放，如图 2-121 所示。

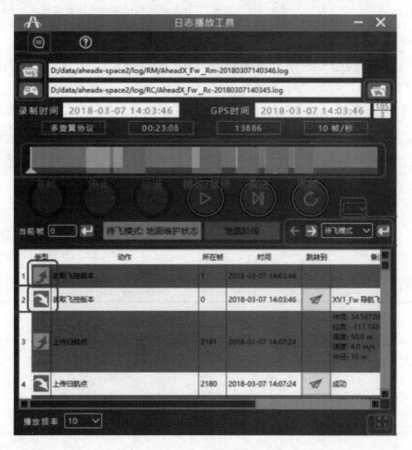

图 2-121 日志播放

项目核验

<table>
<tr><td colspan="8" align="center">项目核验单</td></tr>
<tr><td>班　级</td><td></td><td>姓　名</td><td></td><td>学　号</td><td></td><td>日　期</td><td></td></tr>
<tr><td colspan="8">

一、相关知识

1.简述日本手遥控器与美国手遥控器的区别。

2.简述遥控器的使用注意事项。

3.简述充电器的使用注意事项。

4.简述地面站的作用。

二、操作内容

1.以 Futaba 14SG 遥控器为例进行调试训练,并详细记录调试过程及注意事项。

2.以 AheadX 地面站为例,任意固定翼无人机作为飞行平台进行地面站使用训练,并详细记录使用过程及注意事项。

三、评价反馈

1.自我评价

2.学生建议

</td></tr>
<tr><td colspan="2">成绩评定</td><td colspan="3"></td><td colspan="2">教　师</td><td></td></tr>
</table>

项目3 无人机飞行作业准备

【项目描述】

方圆之理,规矩之道。无人机作为一个产品,在飞行作业的过程中,要受到有效的监管,实现有法可依,有法可循。同时对于无人机操控者而言,更应关注无人机的飞行行为。

本项目将介绍为保证无人机安全飞行,无人机操控者需要做的一系列工作,包括飞行前期的空域申请、飞行计划申请;作业时飞行前检查、飞行中注意事项,飞行降落后的注意事项;目前市面上常见无人机执照与证书获取等内容。

【项目要求】

① 了解无人机主要监管文件与空域申请等相关的知识。
② 了解飞行计划申请的流程与要求。
③ 掌握无人机飞行前检查、飞行中注意事项、降落后注意事项等内容。
④ 熟悉电池与无人机维修保养注意事项。
⑤ 了解无人机执照与考取执照所需掌握的知识与技能要求。

任务3.1 无人机空域与飞行计划申请

一、任务导入

无人机飞行空域划设应遵循统筹规划、灵活使用、安全高效原则,充分考虑国家安全、社会效益和公众利益,科学区分不同类型无人机的飞行特点,以隔离运行为主,兼顾部分混合飞行需求,明确飞行空域的水平、垂直范围和使用时限。另外根据《通用航空飞行管制条例》规定,从事通用航空飞行活动的单位、个人实施飞行前,应当向当地飞行管制部门提出管制申请,按照批准权限,经批准后方可实施飞行任务。

二、任务分析

1. 任务要求
① 了解无人机主要监管文件与空域相关的主要文件。
② 了解空域申请的流程与要求。
③ 了解飞行计划申请的流程与要求。

2. 实施方法
本任务采用一体化教学模式,主要组织形式与教学方法如下:
组织形式:以班级为单位进行双师云课堂或线下授课。
教学方法:采用多媒体教学,结合无人机飞行案例进行讲授,同时辅以组内讨论分析。

三、任务实施

1. 无人机主要监管文件

为了加强民用无人驾驶航空器的管理,近年来,我国出台了一系列无人机运行标准等方面的法律、规章等,主要的监管文件如表3-1所列。

表3-1　中国无人机主要监管文件

文件名称	发文日期
轻小无人机运行规定(试行)	2019.01.04
民用无人机驾驶员管理规定(咨询通告)	2019.04.16
民用无人驾驶航空器系统空中交通管理办法	2016.09.21
民用无人驾驶航空器实名制登记管理规定	2017.05.16
无人驾驶航空器系统标准体系建设指南(2017—2018年版)	2017.06.06
无人机电子围栏	2017.10.20
无人机云系统数据规范	2019.06.25
无人驾驶航空器飞行管理暂行条例(征求意见稿)	2018.01.26
中南地区民用无人驾驶航空器系统空中交通管理评审规则(试行)	2018.02.24
特定类无人机试运行管理规程(暂行)	2019.02.01

2. 无人机空域相关的法律法规

(1)《民用无人驾驶航空器系统空中交通管理办法》

为了加强对民用驾驶航空器飞行活动的管理,规范其空中交通管理工作,依据《中华人民共和国民用航空法》《中华人民共和国飞行基本规则》《通用航空飞行管理条例》和《民用航空空中交通管理规则》,中国民用航空局空管行业管理办公室于2016年制定出台了《民用无人驾驶航空器系统空中交通管理办法》,对在航路航线、进近端和机场管制地带等空域内或对以上空域内运行存在影响的民用无人驾驶航空器系统活动进行空中交通管理,内容包括评估管理、空中交通服务以及无线电管理3个方面,详情请参考二维码内容。

《民用无人驾驶航空器系统空中交通管理办法》条例分享

(2)《无人驾驶航空器飞行管理暂行条例(征求意见稿)》

为了规范无人驾驶航空器飞行及相关活动,维护国家安全、公共安全、飞行安全,促进行业健康可持续发展,国务院、中央军委空中交通管制委员会(以下简称国家空管委)组织起草了《无人驾驶航空器飞行管理暂行条例(征求意见稿)》,并于2018年年初面向社会公开征求意见。

条例中的"第四章—飞行空域"和"第五章—飞行运行",对无人机空域及飞行计划申请等内容做了具体说明,详情请参考二维码内容。

3. 隔离空域申请

(1)《民用无人驾驶航空器系统空中交通管理办法》规定

第十条:民用无人驾驶航空器飞行应当为其单独划设隔离空域,明确水平范围、垂直范围使用时段,可在民航使用空域内临时为民用无人驾驶航空器划设隔离空域,飞行密集区、人口稠密区、重点地区、繁忙机场周边空域,原则上不划设民用无人驾驶航空器飞行空域。

第十一条:隔离空域由空管单位会同运营人划设。划设隔离空域应综合考虑民用无人驾驶航空器通信导航监视能力、航空器性能、应急程序等因素,并符合下列要求:

① 隔离空域边界原则上距其他航空器使用空域边界的水平距离不小于10 km;

② 隔离空域上下限距其他航空器使用空域垂直距离8 400 m(含)以下不得小于600 m,8 400 m以上不得小于1 200 m。

(2)《无人驾驶航空器飞行管理暂行条例(征求意见稿)》规定

第三十二条:隔离空域申请,由申请人在拟使用隔离空域7个工作日前,向有关飞行管制部门提出;负责批准该隔离空域的飞行管制部门应当在拟使用隔离空域3个工作日前作出批准或者不予批准的决定,并通知申请单位或者个人。

申请内容主要包括:使用单位或者个人,无人机类型及主要性能,飞行活动性质,隔离空域使用时间、水平范围、垂直范围、起降区域或者坐标,飞入飞出隔离空域方法,登记管理的信息等。

第三十三条:划设无人机隔离空域,按照下列规定的权限批准:

① 在飞行管制分区内划设的,由负责该分区飞行管制的部门批准;

② 超出飞行管制分区在飞行管制区内划设的,由负责该管制区飞行管制的部门批准;

③ 在飞行管制区间划设的,由空军批准。

批准划设隔离空域的部门应当将划设的隔离空域报上一级飞行管制部门备案,并通报有关单位。

第三十四条:无人机隔离空域的使用期限,应当根据飞行的性质和需要确定,通常不得超过12个月。

因飞行任务需要延长隔离空域使用期限的,应当报经批准该隔离空域的飞行管制部门同意。

隔离空域飞行活动全部结束后,空域申请人应当及时报告有关飞行管制部门,其申请划设的隔离空域即行撤销。

已划设的隔离空域,经飞行管制部门同意后,其他单位或者个人也可以使用。

4. 无人机飞行报备

无人机的空域申请是不对个人开放的,只对政府部门、事业单位和企业开放。民用无人机飞行前,务必根据飞行性质和飞行区域遵照本地政府相关规定进行申报。

目前各地区无人机空域、飞行计划申报管理方面的政策和实施细则并不一致,有些省份专门设置了无人机飞行服务管理中心,而大部分地区还是存在一定的滞后性。总的来说,无人机作业空域申报还是要事先咨询当地主管部门,遵照当地管理规定进行申报作业。下面分别以北京和深圳地区为例对飞行计划申请流程与内容做简要说明,为读者提供参考。

(1)北京地区

北京市北空司令部航管处早在2015年11月就发布了《关于重申无人驾驶航空器飞行计划申请的函》一文,文中明确规定了单位或个人申报无人机的办理流程。

1)所需材料

① 一份计划申请。内容包括:单位、无人驾驶航空器型号、架数、使用的机场或临时起降

点、任务性质、飞行区域、飞行高度、飞行日期、预计开始和结束时刻、现场保障人员联系方式。

② 飞行资质证明。

③ 无人机飞手资格证书。

④ 任务委托合同。

⑤ 任务单位其他相关材料(如被拍摄物体产权单位的拍摄许可)。

⑥ 空域申请书,其内容包括:申请原因、申请事项、委托方、航空器信息、飞行时间、飞行地点、任务性质等。

⑦ 公司相关资质证明

2)对接单位

中部战区空军、民航华区管理局、北京空管办、北京市公安局、北空航管中心(北京及周边地区)。

3)申报流程

① 飞行申请。使用无人驾驶航空器进行航空拍摄或遥感物探飞行时,应在中部战区空军办理对地成像审批手续,再进行飞行计划申请相关事宜。

在机场附近飞行,应携带所需材料①②③向民航华北地区管理局提出申请,审批成功后到当地派出所备案。

在机场以外区域飞行,应携带所需材料①②③向中部战区军区提出申请,由军区出具的《飞行任务申请审批》红头文件将自动抄送北京市公安局,北京市公安局将根据空军批文,向任务单位索要所需材料④⑤。然后甲乙双方到属地派出所与民警面谈、做笔录、多方在笔录上按红手印。这样整个飞行过程都由属地派出所派警官跟随。

② 空域申请。携带所需材料⑥⑦到北空航管中心申请空域。另外,北京市目前暂未开放娱乐性飞行空域,所有申请须有具体的任务。

(2)深圳地区

2018年11月19日,"无人机之都"深圳启动无人机飞行管理试点,推出了无人机综合监管平台"民航局无人驾驶航空器空中交通管理信息服务系统(UTMISS系统)",其网址为:www.utmiss.com,如图3-1所示。

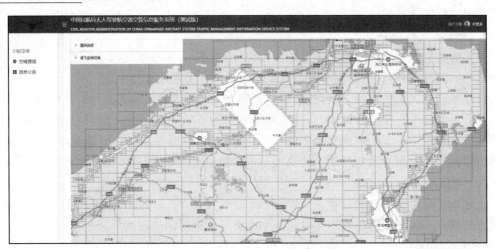

图3-1 "中国民航局无人驾驶航空器空管信息服务系统"界面

无人机综合管理平台以国家民航局的 UTMISS 作为门户,首次打通空军、民航、公安三方管理系统,实现数据同步联通,三方将按照统一的规则,同时也意味着无人机合法飞行有了可以落地的解决方案。无人机用户可直接登录网址进行平台注册与飞行申请,注册成功后会自动跳转登录页面,登录后即可进入空域查询页面,页面如图 3-2 所示。

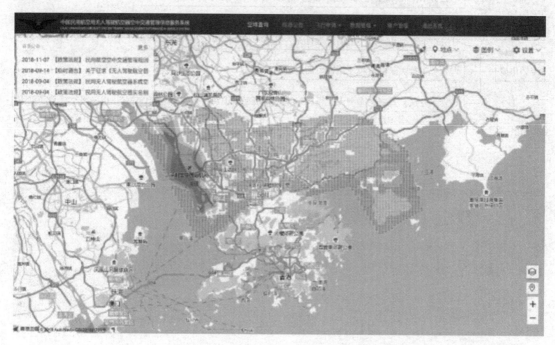

图 3-2 空域图

深圳地区无人机飞行管理试点启动,制定了《深圳地区无人机飞行管理试点方案》并出台了《深圳地区民用无人机飞行管理实施办法(暂行)》(以下简称《办法》),详情请参考二维码内容。

《深圳地区民用无人机飞行管理实施办法(暂行)》

无人机用户登录后,添加无人机和机主信息后,即可进入飞行申请,共有三个选项:空域申请、计划申请、放飞申请,如图 3-3 所示。

(3)空域申请

进入空域申请页面后,会显示"全部、待审核、已通过、已拒绝"四种状态。用户可单击"提交空域申请"按钮,如图 3-4 所示。

(4)飞行计划申请

无人机飞行计划内容通常包括组织该次飞行活动的单位和个人、飞行任务性质、无人机类型和架数、通信联络方法、预计飞行开始及结束时刻等。

工信、公安、民航等有关部门负责对无人机生产经营企业、所有者、驾驶员从事无人机活动进行行业监管,对有违法违规行为的,列入不良记录名单并向社会公布,严格限制其从事无人机飞行活动。

其中,两架及以上无人机同时飞行发生飞行安全问题的,由组织该次无人机飞行活动的单位或者个人共同承担责任。

直接目视视距内与直接目视视距外飞行发生飞行安全问题的,由组织无人机直接目视视

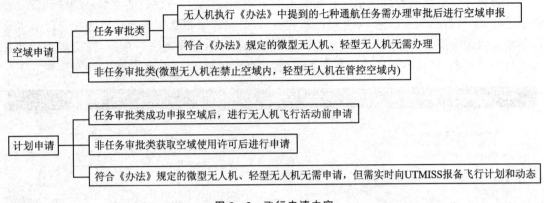

图 3-3　飞行申请内容

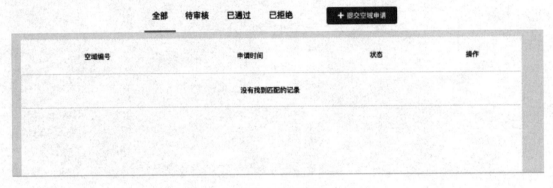

图 3-4　空域申请

距外飞行的单位或者个人承担主要责任。组织无人机飞行活动的单位或者个人存在明显过错的除外。

无人机与有人驾驶航空器混合飞行发生飞行安全问题的,由组织无人机飞行的单位或者个人承担主要责任。有人驾驶航空器飞行活动存在明显过错的除外。

任务3.2　无人机飞行安全操作

一、任务导入

为保证无人机安全、高效、稳定地飞行,需要把控好每一个细节,做到各项检查指标参数处于正常值或者正常值以上,方可起飞,必须牢记无人机飞行安全操作内容与要求。

二、任务分析

1. 任务要求

① 掌握无人机飞行前准备与检查内容。

② 掌握无人机飞行中注意事项。

③ 掌握无人机飞行降落后注意事项。

④ 熟悉电池与无人机维修保养注意事项。

2. 实施方法

本任务采用一体化教学模式,主要组织形式与教学方法如下:

组织形式:以班级为单位进行双师云课堂或线下授课。

教学方法:采用多媒体教学,结合无人机实物等教具进行讲授,同时辅以组内讨论分析。

三、任务实施

1. 无人机飞行前准备与检查

飞行前调试流程必须做到位,不得忽略调试流程的任何一个细节,在操作无人机飞行前应对无人机的各个部件做相应的检查,无人机的任何一个小问题都有可能导致其在飞行过程中出现事故或损坏,因此在飞行前应做充足的检查,防止意外发生。飞行前准备或检查内容如表3-2所列。

表3-2　飞行前准备及检查内容

序　号	飞行前准备(检查)内容	项目操作内容
1	熟悉无人机操作规范	下载用户手册,了解产品知识和使用详情
2	了解飞行环境并作出选择	预先查询限飞区和当地的政策规定;选择空旷飞行环境,远离人群及建筑物;避开通信基站、化工厂等强磁场环境;风雨天气请勿飞行,以免发生意外……
3	上电前设备检查(机械部分、电子部分)	检查桨叶是否损坏或老化;确保电池电量充足且安装牢固;检查电子设备是否安装牢固;检查电子罗盘指向是否和飞行器机头指向一致;检查地面站是否可用,地面站屏幕触屏是否良好,各界面操作是否正常……
4	上电后设备检查	上电后,地面站与飞机进行配对检查;配对成功以后,先不装桨叶,解锁轻微推动油门,观察各个电机是否旋转正常;检查电调指示音是否正确;LED指示灯闪烁是否正常;确保电机运转正常后,可进行磁罗盘的校准……

2. 无人机飞行中注意事项

① 起飞后,建议先保持无人机悬停30 s观察飞行稳定性,确定无异常情况再继续飞行。

② 飞行过程中必须一直关注无人机的飞行状态,实时掌握无人机的飞行数据,确保飞行时无人机各项数据指标完好。

③ 演示作业如有客户或围观群众,必须要求他们距离无人机达10～15 m,不得靠近,如有靠近,为保证安全无人机不得起飞。

④ 若进行超视距飞行,必须密切监视地面站中显示的无人机姿态、高度、速度、电池电压、GPS卫星数量等重要信息。

⑤ 操控者必须时刻关注无人机的姿态、飞行时间、飞行器位置等重要信息。

⑥ 必须确保无人机有足够的电量能够安全返航。

⑦ 若无人机发生较大故障不可避免发生坠机时,要首先确保人员安全。

3. 无人机飞行降落后注意事项

① 无人机飞行任务结束降落后,必须确保遥控器已加锁,然后切断飞机电源。

② 飞行完成后检查电池电量、飞行器外观以及机载设备。

③ 演示作业完成后整理设备。

4．电池与无人机维修保养注意事项

① 锂电池长期不使用时应将电池进行放电处理。

② 锂电池的满电电压不能超过 4.2 V，过度的充电有可能导致电池鼓包甚至会有爆炸的危险。

③ 锂电池充电时必须注意充电电流不能太大，不应超过电池规定的充电电流。

④ 每隔两周对飞机进行一次大维保。

⑤ 飞行任务完成后，必须立即清理飞机表面与桨叶表面的残留和灰尘，防止飞机各金属连接处被农药腐蚀老化，影响飞机的飞行安全。

任务 3.3　无人机驾驶员训练与执照获取

一、任务导入

无人机进入持证上岗时代，从业人员在没有驾驶资质和未申请空域的情况下操控无人机升空属于违法行为，要受到处罚，若造成重大事故或者严重后果，要依法追究刑事责任。因此，无人机执照是无人机应用技术专业学生必备的资质。

二、任务分析

1．任务要求

① 了解目前市场上常用的无人机执照、证书种类及特点。

② 掌握无人机驾驶员执照考取内容与流程。

③ 了解考取执照需要掌握的理论知识与技能。

2．实施方法

本任务采用一体化教学模式，主要组织形式与教学方法如下：

组织形式：以班级为单位进行双师云课堂或线下授课。

教学方法：采用多媒体教学，结合无人机实物等教具进行讲授，同时辅以组内讨论分析。

三、任务实施

1．无人机执照与证书介绍

目前，被大家熟知的无人机相关证书、执照主要有以下五个：

（1）无人机驾驶员电子执照

无人机驾驶员电子执照由中国民用航空局颁发。中国民用航空局（简称民航局，CAAC）是中华人民共和国国务院主管民用航空事业的由部委管理的国家局，归交通运输部管理。局方为按照国际民航组织的标准建立我国完善的民用无人机驾驶员监管体系，制定了《民用无人机驾驶员管理规定》，该规定依据民航法规，对无人机驾驶相关规定进行了说明，其中包括无人机执照颁发、执照考试等内容。目前无人机驾驶员执照为电子执照，通过无人机云执照系统进行管理。

（2）RC 飞行员执照

RC 飞行员执照由中国航空运动协会（ASFC）颁发。中国航空运动协会（简称中国航协，ASFC）下设飞行、气球、跳伞、航空模型、悬挂滑翔及滑翔伞、模拟飞行六个项目委员会。中国航协是具有独立法人资格的全国性群众性体育组织，是中华全国体育总会的团体会员。RC飞行员执照，可以理解为无人机飞行的体育运动类执照，主要为参加运动赛事使用。

（3）慧飞 UTC（Unmanned Aerial Systems Training Center）证书

UTC 由大疆慧飞无人机培训中心颁发，2016 年大疆与中国航空运输协会通用航空分会、中国成人教育协会联合推出了培训考证体系，根据大疆官方提供的介绍，慧飞无人机培训中心以"专业"为特色，主要培养行业应用领域的无人机驾驶员，为他们提供专业性强、操作性强的培训课程，培训合格后颁布 UTC 证书。

（4）"1＋X"无人机驾驶职业技能等级证书

2020 年 3 月，由中国航空器拥有者及驾驶员协会（AOPA）及相关单位共同起草的《无人机驾驶职业技能等级标准》由教育部门在 1＋X 职业技能等级证书平台发布。

无人机驾驶职业
技能等级标准

《无人机驾驶职业技能等级标准》适用于中等职业学校、高等职业学校以及应用型本科学校，面向数十个不同单位的职业岗位和无人机应用场景。无人机驾驶职业技能等级分为初、中、高三级，三个级别依次递进，高级别涵盖了低级别职业技能要求。

【无人机驾驶】（初级）：能按照厂家手册安装多旋翼类无人机系统与任务载荷，进行必要飞行前安全检查，操纵多旋翼类无人机在视距内场景下起降与运行，依据无人机系统手册完成日常的检查与维护工作。

【无人机驾驶】（中级）：能按照厂家手册安装无人机系统以及远程地面控制站，完成所需的能源补充或燃料加注，进行系统整体安全检查，操纵无人机起降以及在超视距场景下的运行活动，以及保障运行所需的装配调整、维护工作。

【无人机驾驶】（高级）：能根据飞行任务需要装配无人机整体系统以及任务载荷，并完成系统整体调试，设计作业方案及应急处置预案，操纵无人机在多种运行场景下完成运行，能进行作业数据后期处理，可以胜任无人机型号测试、出厂测试等工作，以及部件级别维修工作。

2. 无人机驾驶员执照

（1）执照和等级分类

对于完成训练并考试合格人员，在其驾驶员执照上签注如下信息：

① 驾驶员等级：视距内等级、超视距等级、教员等级。

② 类别等级：固定翼、无人直升机、多旋翼、垂直起降固定翼、无人自转旋翼机、无人飞艇、其他。

如何选择执照

③ 分类等级：Ⅲ、Ⅳ、Ⅴ、Ⅵ、Ⅶ、Ⅺ、Ⅻ。

（2）颁发无人机驾驶员执照与等级的条件

局方可以为符合相应资格、航空知识、飞行技能和飞行经历要求的申请人颁发无人机驾驶员执照与等级，具体要求参考《颁发无人机驾驶员执照与等级的条件》。

（3）执照有效期及其更新

① 按本规定颁发的驾驶员执照有效期限为两年，且仅当执照持有人满足本规定和有关中

国民用航空运行规章的相应训练与检查要求、并符合飞行安全记录要求时，方可行使其执照所赋予的相应权利。

② 执照持有人应在执照有效期满前三个月内向局方申请重新颁发执照。对于申请人，应出示《轻小无人机运行规定（试行）》（AC－91－31）批准的无人机云系统上记录的飞行经历时间证明。

☆ 在执照有效期满前 24 个日历月内，满足 100 h；

☆ 在执照有效期满前 3 个日历月内，满足 10 h；

③ 在执照有效期内因等级或备注发生变化重新颁发时，执照有效期与最高的驾驶员等级有效期应保持一致。

④ 执照过期的申请人需要重新通过相应的理论和实践考试，方可重新颁发。

3. 无人机执照考试内容与流程

（1）考试内容

无人机执照考试包括理论考试和实践考试。理论考试，是指航空知识理论方面的考试，该考试是颁发民用无人机驾驶员执照或等级所要求的，可以通过笔试或者计算机考试来实施。实践考试，是指为取得民用无人机驾驶员执照或等级进行的操作方面的考试（包括实践飞行、综合问答、地面站操作），该考试通过申请人在飞行中演示操作动作及回答问题的方式进行。

无人机驾驶员执照
考取具体内容分享

（2）考试一般程序

按本规定进行的各项考试，应当由局方指定人员主持，并在指定的时间和地点进行。

① 理论考试的通过成绩由局方确定，理论考试的实施程序参考《民用无人机驾驶员理论考试一般规定》。

② 局方指定的考试员按照《民用无人机驾驶员实践考试一般规定》的程序，依据《民用无人机驾驶员实践考试标准》实施实践考试。

③ 局方依据《民用无人机驾驶员实践考试委任代表管理办法》委任与管理实施实践考试的考试员。

④ 局方依据《民用无人机驾驶员考试点管理办法》对理论与实践考试的考试点实施评估和清单制管理。

然后局方参照《颁发无人机驾驶员执照与等级的条件》为申请人颁发无人机驾驶员执照与等级。无人机执照持有人若受到刑事处罚，期间不得行使所持执照赋予的权利。

项目核验

项目核验单						
班　级		姓　名		学　号		日　期	

一、相关知识

1. 根据你所在地的政策,阐述无人机飞行计划申请的流程与内容。

2. 简述无人机安全飞行需要注意的事项。

3. 讨论无人机执照的重要性?

二、评价反馈

1. 自我评价

2. 学生建议

成绩评定		教　师	

项目 4　无人机模拟飞行

【项目描述】

随着时代的发展,无人机逐渐被运用在各个行业领域中,所以无人机飞行也是学习无人机必不可少的科目之一。在初步学习无人机飞行时,先从无人机模拟器开始,熟练掌握模拟飞行训练后,才可开始无人机实际飞行。

本项目使用各类不同模拟器,如凤凰 PhoenixRC、Real Flight、DJI Flight Simulator 等。通过不同模拟器操作的训练,提高大家的模拟飞行能力,为后期实际飞行打下坚实的基础。

【项目要求】

① 了解凤凰 PhoenixRC 模拟器的安装及使用。

② 了解 Real Flight 模拟器的安装及使用。

③ 了解 DJI Flight Simulator 模拟器的安装及使用。

④ 熟练掌握各类无人机起飞、降落操作。

⑤ 熟练掌握各类多旋翼无人机、无人直升机 360°悬停操作。

⑥ 熟练掌握各类无人机水平 8 字飞行操作。

任务 4.1　飞行模拟器软件

一、任务导入

飞行模拟器是用模拟器来遥控操纵无人机的操控设备,外形和手感与遥控器相似。飞行模拟器大体分为两种:一种是专用飞行模拟器,这种模拟器与遥控器相似,只是不具备遥控功能,而是通过数据线与计算机连接使用;另一种是直接将无人机遥控器与编解码器组合使用的飞行模拟器。

二、任务分析

1. 任务要求

① 学习并掌握各类模拟器软件的安装及使用。

② 学习并掌握各类模拟器软件的优势。

2. 实施方法

本任务采用一体化教学模式,主要组织形式与教学方法如下:

组织形式:以班级为单位进行双师云课堂或线下授课。

教学方法:采用多媒体教学并结合实物、挂图进行理论讲授。

三、任务实施

引导问题 1：飞行模拟器软件有哪些？

飞行模拟器软件有很多种，不同的软件对应着不同的模拟器。模拟训练可以分为基础模拟训练、进阶模拟训练、应用模拟训练、特技模拟训练。针对不同阶段的训练分别对应不同的模拟飞行系统。

基础模拟训练可以使用凤凰 PhoenixRC 搭配 SM600 模拟器进行飞行初步体验，可以对旋翼无人机、固定翼无人机在无风情况下进行起飞、悬停、水平飞行、降落等尝试，如图 4-1 所示。

进阶模拟训练可以使用 Real Flight 搭配解码器和遥控器进行更符合真实环境的模拟飞行训练，可以尝试在有风环境下进行矩形航线飞行、水平 360°悬停、水平匀速 8 字航线训练，如图 4-2 所示。

图 4-1　固定翼模拟飞行训练

图 4-2　多旋翼模拟飞行训练

应用模拟训练使用 DJI Simulator 搭配大疆的遥控器，可以通过模拟大疆多款航拍无人机进行航拍飞行训练，这款模拟飞行系统能够对多种场景进行仿真，可以模拟出低效反向和模拟撞击情况，细节十分生动，但对电脑配置要求较高，通过应用模拟训练可以快速提升飞行技能，如图 4-3 所示。

特技训练模拟器分为很多种类，可以根据不同机型选择模拟飞行软件，穿越机模拟器飞行软件 Liftoff、Velocidrone、Freerider、DRL 等都可以对穿越机飞行进行很好的训练。固定翼特技飞行、直升机特技飞行可以通过 Reflex XTR、PhoenixRC、RealFlight Generation 等软件进行训练，如图 4-4 所示。

图 4-3　航拍任务模拟飞行训练

图 4-4　直升机模拟飞行

引导问题 2:PhoenixRC 模拟器如何安装?

① 打开安装文件,单击 setup 应用程序,如图 4-5 所示。

② 选择语言为中文(简体),单击下一步,如图 4-6 所示。

③ 单击下一步,如图 4-7 所示。

④ 选择我接受许可证协议中的条款(A),接下来单击下一步,如图 4-8 所示。

**PhoenixRC 模拟器
安装视频**

名称 ^	修改日期	类型	大小
0x0404	2014/3/14 19:18	配置设置	11 KB
0x0409	2014/3/14 19:18	配置设置	21 KB
0x0804	2014/3/14 19:18	配置设置	11 KB
clearc	2012/3/27 2:23	Windows 批处理...	1 KB
cleare	2012/3/27 2:23	Windows 批处理...	1 KB
data1	2014/3/14 19:42	好压 CAB 压缩文件	691 KB
data1.hdr	2014/3/14 19:17	HDR 文件	468 KB
data2	2014/3/14 20:20	好压 CAB 压缩文件	662,944 KB
data3	2014/3/14 20:01	好压 CAB 压缩文件	401,047 KB
ISSetup.dll	2014/3/14 19:18	应用程序扩展	563 KB
layout.bin	2014/3/14 19:18	BIN 文件	1 KB
setup	2014/3/14 19:18	应用程序	784 KB
setup	2014/3/14 19:19	配置设置	2 KB
setup.inx	2014/3/14 19:19	INX 文件	237 KB
setup.isn	2014/3/14 19:19	ISN 文件	491 KB

图 4-5 单击 setup

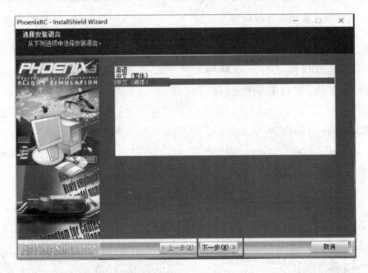

图 4-6 选择语言

⑤ 填写符合自己的用户名和公司名称,填写完成后单击下一步,如图 4-9 所示。

⑥ 选择安装类型为完全,单击下一步会直接安装在 C 盘;如需安装在其他磁盘,选择定制安装类型,单击下一步,选择其他安装位置,单击下一步,勾选 DefaultFeature 选项,再次单击下一步,进入安装页面即可,如图 4-10 所示。

⑦ 单击安装,如图 4-11 所示。

图 4 - 7　下一步

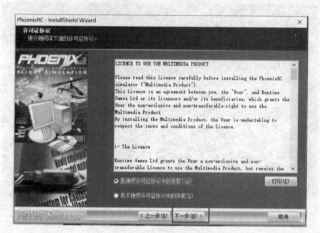

图 4 - 8　接受条款

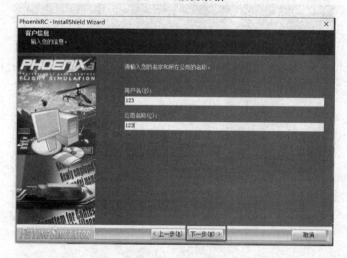

图 4 - 9　填写信息

(a)

(b)

(c)

图 4 - 10   安装类型

图 4 - 11　单击安装

⑧ 单击完成,安装完毕,如图 4 - 12 所示。如果电脑没有凤凰模拟器所需插件,会在安装完成后自动安装 DirectX 组件,如出现安装程序,等待安装完成即可,如图 4 - 13 所示。

图 4 - 12　安装完成

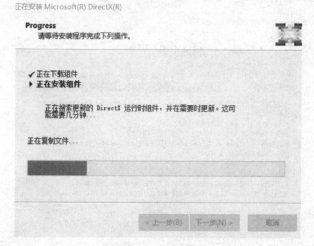

图 4 - 13　安装插件

引导问题 3：DJI Flight Simulator 模拟器如何安装？

① 打开大疆官网下载安装包，下载完毕后打开，单击下一步，如图 4－14 所示。

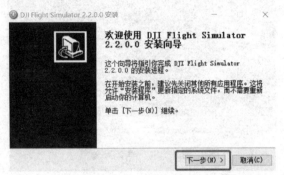

DJI Flight Simulator 模拟器安装视频

图 4－14　单击下一步

② 选择好自己需要安装的位置，单击安装，如图 4－15 所示。

图 4－15　单击安装

③ 等待安装完成，如图 4－16 所示。

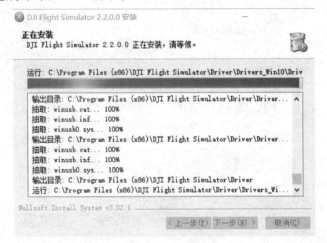

图 4－16　等待安装完成

④ 在安装过程中会提示是否安装 dij - innovations inc. 端口,单击安装端口,如图 4 - 17 所示。

图 4 - 17　安装端口

⑤ 安装完成后,单击完成即可,如图 4 - 18 所示。

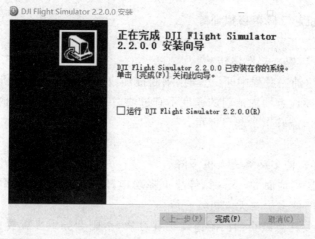

图 4 - 18　安装完成

任务 4.2　多旋翼无人机模拟飞行

一、任务导入

多旋翼无人机飞行训练是在学习无人机模拟飞行中较为重要的阶段,也是后续不同机型飞行训练的基础,多旋翼无人机飞行训练大多是基础部分操作。本次教学训练采用凤凰 PhoenixRC 模拟器,可以使大家深入了解此模拟器软件,同时也可以为后续的模拟飞行训练打下基础。

二、任务分析

1. 任务要求

① 学习并掌握多旋翼无人机起飞降落训练。

② 学习并掌握多旋翼无人机四面悬停训练。

③ 学习并掌握多旋翼无人机四边航线训练。

④ 学习并掌握多旋翼无人机 360°悬停训练。

⑤ 学习并掌握多旋翼无人机匀速水平 8 字训练。

2．实施方法

（1）理论教学

组织形式：以班级为单位进行双师云课堂或线下授课

教学方法：采用多媒体教学并结合实物、挂图进行理论讲授。

（2）实训教学

组织形式：对班级全体学生进行分组，每组控制在 6～8 人。

教学方法：老师示范，学生在老师的指导下轮流动手操作模拟器，助教巡回指导，并将问题反馈给老师。或老师示范后，学生分组操作模拟器，老师巡回指导。

三、任务实施

1．多旋翼无人机起飞降落模拟训练

（1）起　飞

① 缓慢增加油门，螺旋桨慢慢转动。

② 当油门杆到达油门量程中间位置时，果断推油门杆使多旋翼无人机安全起飞。

注意：在起飞时要注意增加油门的速度不宜过快，在升力到达临界点时，果断推油门，注意不要使油门增加太多，能够正常起飞即可。

（2）降　落

① 缓慢减小油门，使多旋翼无人机下降。

② 当具体模拟器离地面 30 cm 时，停止下降动作，使多旋翼无人机保持稳定姿态。

③ 继续减小油门使多旋翼无人机安全降落。

注意：在降落时要注意减小油门的速度不宜过快，否则会导致多旋翼无人机快速下降，即将到达地面时要减小多旋翼无人机下降的冲击力，保护多旋翼无人机。

多旋翼无人机起降模拟训练任务单如表 4－1 所列。

表 4－1　多旋翼无人机起降模拟训练任务单

多旋翼无人机起降模拟训练任务单						
飞行训练时间	飞行场地	训练环境	使用机型			
4 课时	开阔场地	风速：2 级以下	多旋翼无人机 F450、M600、S1000			
	名　称	评分要求		满　分	扣　分	得　分
评分标准	调节油门	增加或减小油门时要保证缓慢匀速，如出现突然增加或减小油门情况适当减分		25		
	起飞动作	油门杆处于中立位置时是否果断，如无人机出现再次触碰地面情况，触碰一次扣 5 分，扣完为止		25		
	降落动作	降落时是否使无人机提前悬停减小冲力，如无此动作，扣 15 分		25		
	降落姿态	无人机降落接触地面幅度是否平稳，是否出现弹跳，如触碰地面幅度较大，扣 5 分，弹跳一次扣 10 分，扣完为止		25		
合计总分：				100		

2. 多旋翼无人机四面悬停模拟训练

（1）对尾悬停

① 操纵多旋翼无人机对尾起飞，使多旋翼无人机悬停在一处位置，不得发生移动，如图4-19所示。

② 当多旋翼无人机向左移动时，应压右副翼修回原点；当无人机向右运动时，应压左副翼修回原点。

③ 当多旋翼无人机向前移动时，应后拉升降杆使无人机回到原点；当无人机向后运动时，应前推升降杆使无人机回到原点。

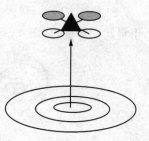

图4-19 多旋翼无人机对尾悬停

④ 当多旋翼无人机向左偏航时，应右打方向舵使无人机回到原点；当无人机向右偏航时，应左打方向舵使无人机回到原点。

⑤ 当多旋翼无人机下降时，应增加油门使无人机回到原高度；当无人机上升时，应减小油门使无人机回到原高度。

注意：当多旋翼无人机对尾悬停受到扰动时，应快速并正确判断修正方向，注意把握修正力度，不要错舵。

（2）左侧悬停

① 操纵多旋翼无人机对尾起飞，使多旋翼无人机悬停在一处位置。

② 向左打方向舵，使无人机左侧面正对屏幕，调整完成后，多旋翼无人机应悬停在一处位置，不得发生移动，如图4-20所示。

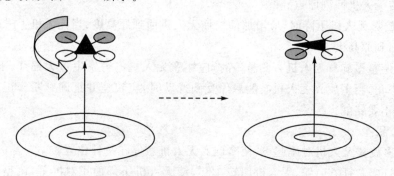

图4-20 多旋翼无人机左侧悬停

③ 当多旋翼无人机向左移动时，应后拉升降杆修回原点；当无人机向右运动时，应前推升降杆修回原点。

④ 当多旋翼无人机远离自己时，应左压副翼使无人机回到原点；当无人机靠近自己时，应右压副翼使无人机回到原点。

⑤ 当多旋翼无人机向左偏航时，应右打方向舵使无人机回到原点；当无人机向右偏航时，应左打方向舵使无人机回到原点。

⑥ 当多旋翼无人机下降时，应增加油门使无人机回到原高度；当无人机上升时，应减小油门使无人机回到原高度。

注意：在调整多旋翼无人机左侧悬停时，应注意无人机不得发生过大偏移，不能使无人机存在过大姿态角，当多旋翼无人机左侧悬停受到扰动时，应快速并正确判断修正方向，注意把握修正力度，不要错舵。

（3）右侧悬停

① 操纵多旋翼无人机对尾起飞，使多旋翼无人机悬停在一处位置。

② 向右打方向舵，使无人机右侧面正对屏幕，调整完成后，多旋翼无人机应悬停在一处位置，不得发生移动，如图4-21所示。

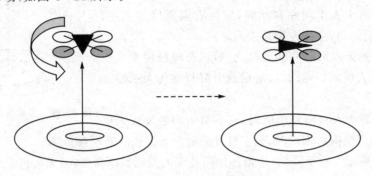

图4-21　多旋翼无人机右侧悬停

③ 当多旋翼无人机向左移动时，应前推升降杆修回原点；当无人机向右运动时，后拉升降杆修回原点。

④ 当多旋翼无人机远离自己时，应右压副翼使无人机回到原点；当无人机靠近自己时，应左压副翼使无人机回到原点。

⑤ 当多旋翼无人机向左偏航时，应右打方向舵使无人机回到原点；当无人机向右偏航时，左打方向舵使无人机回到原点。

⑥ 当多旋翼无人机下降时，应增加油门使无人机回到原高度；当无人机上升时，应减小油门使无人机回到原高度。

注意： 在调整多旋翼无人机右侧悬停时，应注意无人机不得发生过大偏移，不能使无人机存在过大姿态角，当多旋翼无人机右侧悬停受到扰动时，应快速并正确判断修正方向，注意把握修正力度，不要错舵。

（4）对头悬停

① 操纵多旋翼无人机对尾起飞，使多旋翼无人机悬停在一处位置。

② 向右打或左打方向舵，无人机偏转180°，使无人机头部面正对屏幕，调整完成后，多旋翼无人机应悬停在一处位置，不得发生移动，如图4-22所示。

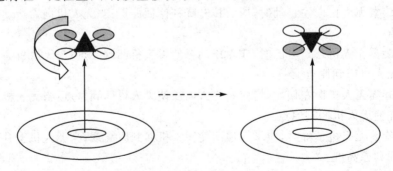

图4-22　多旋翼无人机对头悬停

③ 当多旋翼无人机向左移动时，应左压副翼修回原点；当无人机向右运动时，应右压副翼

修回原点。

④ 当多旋翼无人机远离自己时，应前推升降杆使无人机回到原点；当无人机靠近自己时，应后拉升降杆使无人机回到原点。

⑤ 当多旋翼无人机向左偏航时，应左打方向舵使无人机回到原点，当无人机向右偏航时，应右打方向舵使无人机回到原点。

⑥ 当多旋翼无人机下降时，应增加油门使无人机回到原高度；当无人机上升时，应减小油门使无人机回到原高度。

注意：在调整多旋翼无人机对头悬停时，应注意无人机不得发生过大偏移，不能使无人机存在过大姿态角，并且高度不得发生过大落差。当多旋翼无人机对头悬停受到扰动时，应快速并正确判断修正方向，注意把握修正力度，不要错舵。

多旋翼无人机四面悬停模拟训练任务单如表 4-2 所列。

表 4-2　多旋翼无人机四面悬停模拟训练任务单

多旋翼无人机四面悬停模拟训练任务单						
飞行训练时间	飞行场地	训练环境	使用机型			
4 课时	开阔场地	风速：2 级以下	多旋翼无人机 F450、M600、S1000			
评分标准	名　称	评分要求		满　分	扣　分	得　分
	对尾悬停	无人机在对尾悬停时是否出现大幅度移动，出现一次扣 5 分，修正过程中是否出现错舵，出现一次扣 10 分，出现大幅度掉高或上升一次扣 5 分，扣完为止		25		
	左侧悬停	无人机在左侧悬停时是否出现大幅度移动，出现一次扣 5 分，修正过程中是否出现错舵，出现一次扣 10 分，出现大幅度掉高或上升一次扣 5 分，扣完为止		25		
	右侧悬停	无人机在右侧悬停时是否出现大幅度移动，出现一次扣 5 分，修正过程中是否出现错舵，出现一次扣 10 分，出现大幅度掉高或上升一次扣 5 分，扣完为止		25		
	对头悬停	无人机在对头悬停时是否出现大幅度移动，出现一次扣 5 分，修正过程中是否出现错舵，出现一次扣 10 分，出现大幅度掉高或上升一次扣 5 分，扣完为止		25		
合计总分：				100		

3. 多旋翼无人机四边航线模拟训练

(1) 多旋翼无人机起飞后飞向 1 号点机，头朝向前方，保持匀速直线飞行。

(2) 注意飞机始终与白线保持平行，到达第 2 点后旋转 90°，机头始终朝着前进的方向。

(3) 重复前面的步骤直至飞完一圈降落至起飞点，如图 4-23 所示。

多旋翼无人机四边
航线模拟训练视频

注意：多旋翼无人机飞行时无人机应始终飞行在白线的正上方，高度保持一致，速度保持匀速，不得出现过大偏移。在到达点位转向时应注意偏航速度保持匀速。

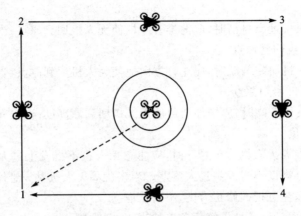

图 4 - 23　多旋翼无人机四边航线

多旋翼无人机四边航线模拟训练任务单如表 4 - 3 所列。

表 4 - 3　多旋翼无人机四边航线模拟训练任务单

多旋翼无人机四边航线模拟训练任务单						
飞行训练时间	飞行场地	训练环境	使用机型			
4 课时	开阔场地	风速:2 级以下	多旋翼无人机 F450、M600、S1000			
评分标准	名　称	评分要求		满　分	扣　分	得　分
	直线飞行	无人机在进行四边航线飞行过程中要保证无人机飞行轨迹为直线,如出现大幅度偏移或错舵一次扣 10 分,扣完为止		40		
	定点转向	无人机在进行定点转向时要保证转向匀速,如出现大幅度偏移或错舵一次扣 5 分,扣完为止		30		
	定点降落	无人机执行航线完成之后进行定点降落,如降落到标识区域外扣 15 分		10		
	航线高度	在飞行过程中应保证高度一致,出现人幅度掉高或上升情况一次扣 5 分,扣完为止		20		
合计总分:				100		

4. 多旋翼无人机 360°匀速水平悬停模拟训练

（1）操纵多旋翼无人机对尾起飞,起飞后保持一个高度悬停,并处在地标红色区域的上方。

（2）无人机姿态稳定后,匀速向左或向右拨动方向舵,使无人机匀速旋转,在旋转过程中,如无人机发生偏转应及时判断并修正飞行姿态,使无人机始终保持在地标红色区域的上方。

（3）旋转 360°之后使无人机悬停,安全降落即可,如图 4 - 24 所示。

注意:在多旋翼无人机偏航时,偏航速度应保持匀速,不宜过快或过慢,要始终使无人机处在地标红色区域的正上方,不得出现过大偏移现象,并且要保证无人机持续偏航,不能出现偏航停止现象。

多旋翼无人机 360°匀速水平悬停模拟训练任务单如表 4 - 4 所列。

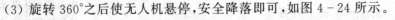

多旋翼无人机 360°
匀速水平悬停模拟
训练视频

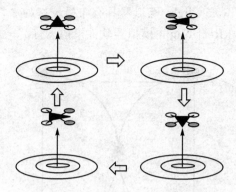

图 4 - 24 多旋翼无人机 360°悬停

表 4 - 4 多旋翼无人机 360°匀速水平悬停模拟训练任务单

多旋翼无人机 360°匀速水平悬停模拟训练任务单						
飞行训练时间	飞行场地	训练环境	使用机型			
4 课时	开阔场地	风速:2 级以下	多旋翼无人机 F450、M600、S1000			
	名 称	评分要求		满 分	扣 分	得 分
评分标准	定点转向	无人机在悬停转向时要保证转向匀速,如出现大幅度偏移或错舵一次扣 10 分,扣完为止		40		
	持续转向	无人机在转向时要保证持续航,如出现转向停止一次扣 10 分,扣完为止		20		
	定点降落	无人机执行 360°旋转之后进行定点降落,如降落到标识区域外扣 15 分		20		
	飞行高度	在飞行过程中应保证高度一致,出现大幅度掉高或上升情况一次扣 5 分,扣完为止		20		
	合计总分:			100		

5. 多旋翼无人机匀速水平 8 字模拟训练

（1）在模拟器中调出对应的训练场地。根据自己情况选择先左圈或右圈,这里以先左圈后右圈为例。

（2）从 1 点对尾起飞,稳定飞行姿态后,前推升降杆并左打方向舵飞向 2 点,在此期间保持高度一致;到达 2 点时无人机应处于左侧悬停姿态,继续前推升降杆并左打方向舵飞向 3 点,到达第 3 点时无人机应处于对头悬停姿态;继续前推升降杆并左打方向舵飞向 4 点,到达第 4 点时无人机应处于右侧悬停姿态;继续前推升降杆并左打方向舵飞向 1 点,到达 1 点时无人机应处于对尾悬停姿态;

多旋翼无人机匀速水平 8 字模拟训练视频

（3）继续前推升降杆并右打方向舵飞向 5 点,到达 5 点时无人机应处于右侧悬停姿态;继续前推升降杆并右打方向舵飞向 6 点,到达 6 点时无人机应处于对头悬停姿态;继续前推升降杆并右打方向舵飞向 7 点,到达 7 点时无人机应处于左侧悬停姿态;继续前推升降杆并右打方向舵飞向 1 点,到达 1 点时无人机应处于对尾悬停姿态,8 字飞行完成,将无人机安全降落即可,如图 4-25 所示。由于 Real Flight 模拟器具有布局较好的 8 字模拟场地,建议多旋翼无人机匀速水平 8 字训练使用 Real Flight 模拟器软件模拟飞行。

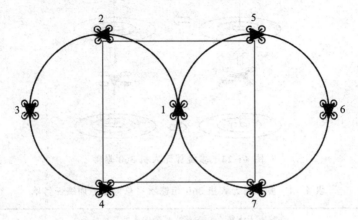

图 4-25 多旋翼无人机匀速水平 8 字

注意:

① 在前进过程中无人机应匀速飞行,高度不变。

② 在 8 字飞行中,从一点飞向另一点时应注意飞行轨迹为圆弧航线,不能使飞行轨迹为直角航线。

③ 在 8 字飞行中,无人机不得停止,要始终保持在匀速飞行状态。

④ 在 8 字飞行中,无人机的飞行轨迹不得大幅度偏移圆弧轨迹,如产生偏移,应立刻使用副翼舵修正。

多旋翼无人机匀速水平 8 字模拟训练任务单如表 4-5 所列。

表 4-5 多旋翼无人机匀速水平 8 字模拟训练任务单

多旋翼无人机匀速水平 8 字模拟训练任务单						
飞行训练时间	飞行场地	训练环境	使用机型			
4 课时	开阔场地	风速:2 级以下	多旋翼无人机 F450、M600、S1000			
评分标准	名 称	评分要求		满 分	扣 分	得 分
	8 字航线	无人机在进行 8 字模拟训练飞行时要保证飞过的航线为圆弧形,并且符合 8 字飞行要求,如出现直角弯等情况出现一次扣 10 分,扣完为止		25		
	8 字点位	无人机在 8 字飞行中要保证无人机匀速经过每一个点位,少经过一点或不符合 8 字飞行要求一次扣 10 分,扣完为止		25		
	飞行速度	无人机在 8 字飞行中应保证匀速且无人机不能停止飞行,出现停止状态,一次扣 5 分		25		
	飞行高度	无人机在进行 8 字飞行中应保证无人机高度基本一致,出现大幅度掉高或大幅度上升一次扣 5 分,扣完为止		25		
合计总分:				100		

任务 4.3 固定翼无人机模拟飞行

一、任务导入

固定翼无人机模拟器飞行训练分为起飞降落训练、矩形航线训练、水平 8 字训练,虽然训练内容与多旋翼无人机较为不同,但其操作方法大同小异,本次任务以凤凰 PhoenixRC 模拟器为例,为大家详细讲解三种固定翼无人机操作训练,提升模拟飞行能力。

二、任务分析

1. 任务要求

① 学习并掌握固定翼无人机起飞降落操作。

② 学习并掌握固定翼无人机矩形航线操作。

③ 学习并掌握固定翼无人机匀速水平 8 字操作。

2. 实施方法

（1）理论教学

组织形式:以班级为单位进行双师云课堂或线下授课。

教学方法:采用多媒体教学并结合实物、挂图进行理论讲授。

（2）实训教学

组织形式:对班级全体学生进行分组,每组控制在 6～8 人。

教学方法:老师示范,学生在老师的指导下轮流动手操作模拟器,助教巡回指导,并将问题反馈给老师。或老师示范后,学生分组操作模拟器,老师巡回指导。

三、任务实施

1. 固定翼无人机起飞降落模拟训练

（1）起 飞

① 操纵固定翼无人机起飞,缓慢推油门并控制滑跑方向,逐渐增加拉力并缓慢、柔和地持续拉动升降杆。

② 当速度达到离地速度时无人机离开地面,此时需要通过副翼配合使无人机进入平衡爬升状态。使飞机继续爬升,但要控制爬升角度不要超过迎角30°。

③ 在不低于 5 m 高度改平飞,提高速度直至达到要求高度,柔和持续地拉动升降舵使飞机爬升至规定高度,如图 4-26 所示。

图 4-26 固定翼无人机爬升

注意:在控制固定翼无人机起飞时要求舵量柔和,不得有过大动作。爬升迎角应小于

30°,过大迎角会破坏固定翼无人机飞行性能。

固定翼无人机起飞模拟训练任务单如表4-6所列。

表4-6 固定翼无人机起飞模拟训练任务单

固定翼无人机起飞模拟训练任务单						
飞行训练时间	飞行场地	训练环境	使用机型			
4课时	开阔跑道	风速:2级以下	固定翼无人机冲浪者X8、塞斯纳182			
评分标准	名 称	评分要求		满 分	扣 分	得 分
	调节油门	增加或减小油门时要保证缓慢匀速,如出现突然增加或减小油门情况适当减分		30		
	起飞动作	查看无人机是否平滑起飞,如出现过大角度起飞扣10分		40		
	飞行姿态	无人机飞行时舵量应柔和,不应出现过大动作,出现一次扣5分,扣完为止		30		
	合计总分:			100		

(2) 降 落

① 在第3航线开始执行固定翼无人机下滑训练的降落步骤时,要求无人机正对第3航线。执行降落操作时,固定翼无人机在第3条航线进入平飞状态并逐渐减小油门,柔和地推升降舵,使无人机进入下滑平飞状态。

② 根据无人机当前速度执行转弯操作,并将机头调整到正对跑道方向同时油门收至最小位置,根据无人机距离地面高度调整升降舵拉动的幅度。

③ 无人机下降过程中需要通过副翼配合来保证无人机保持水平下滑动作,无人机高度减小不宜过大,在无人机通过操控者正前方时,为无人机起落架触底的最佳时机。

④ 固定翼无人机触地后,通过控制方向舵防止无人机发生滚转导致机翼触底的情况,直到无人机完全静止飞机降落完成,如图4-27所示。

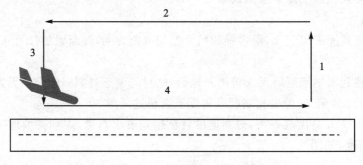

图4-27 固定翼无人机降落

注意:

① 操作时柔和地控制舵量。

② 转弯幅度标准,不宜幅度过大,导致固定翼无人机偏移第4航线。

③ 把握升降舵舵量,在固定翼无人机快要接触地面时,通过升降舵控制固定翼无人机水平接触地面。

④ 把握降落速度,控制滑跑长度及方向。

固定翼无人机降落模拟训练任务单如表 4 - 7 所列。

表 4 - 7　固定翼无人机降落模拟训练任务单

固定翼无人机降落模拟训练任务单						
飞行训练时间	飞行场地	训练环境	使用机型			
4 课时	开阔跑道	风速:2 级以下	固定翼无人机冲浪者 X8、塞斯纳 182			
评分标准	名　称	评分要求		满　分	扣　分	得　分
	调节油门	增加或减小油门时要保证缓慢匀速,如出现突然增加或减小油门情况适当减分		30		
	降落动作	查看无人机是否平滑降落,如出现过大角度起飞扣 10 分,存在起落架的固定翼无人机,如出现触底弹跳扣 10 分		40		
	飞行姿态	无人机飞行时舵量应柔和,不应出现过大动作,出现一次5 分,扣完为止		30		
合计总分:				100		

2. 固定翼无人机矩形航线模拟训练

① 矩形航线的第 1 航线垂直于第 4 航线,首先开始执行定高平飞操作。

② 在到达第 1 转弯操作时,通过方向舵与副翼配合执行转弯操作步骤,完成后进入第 2 航线执行平飞操作。

③ 在第 2 转弯处同样通过方向舵与副翼配合执行转弯操作,并转向第 3 航线开始定高平飞,继续保持高度转向第 4 航线。

④ 在第 4 航线继续执行定高平飞操作,直到航线结束,如图 4 - 28 所示。

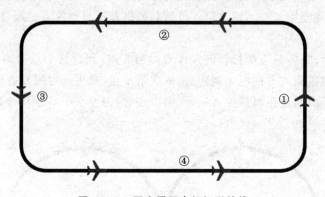

图 4 - 28　固定翼无人机矩形航线

注意:

① 转弯、平飞过程中高度保持一致。

② 转弯时舵量控制合适,不能出现固定翼无人机急转弯,要保证柔和、平稳转弯。

③ 模拟飞行期间时刻以地面标志作为参照物,观察矩形航线是否存在偏差,如存在要及时调整方向、角度。

固定翼无人机矩形航线模拟训练任务单如表 4 - 8 所列。

表4-8　固定翼无人机矩形航线模拟训练任务单

固定翼无人机矩形航线模拟训练任务单						
飞行训练时间	飞行场地	训练环境		使用机型		
4课时	开阔跑道	风速:2级以下		固定翼无人机冲浪者X8、塞斯纳182		
评分标准	名　称	评分要求		满　分	扣　分	得　分
	直线飞行	无人机在进行矩形航线飞行过程中要保证无人机飞行轨迹为直线,如出现大幅度偏移或错舵一次扣10分,扣完为止		30		
	转弯动作	无人机在矩形航线飞行过程中转弯幅度不宜过大,要保证柔和、平稳,出现大幅度偏移一次扣5分,扣完为止		20		
	飞行姿态	无人机飞行时舵量应柔和,不应出现过大动作,出现一次扣5分,扣完为止		30		
	飞行高度	无人机在飞行过程中应保证高度一致,出现大幅度掉高或上升情况一次扣5分,扣完为止		20		
合计总分:				100		

3. 固定翼无人机匀速水平8字模拟训练

① 水平8字训练第1点是两圆相切点,从1点柔和地向左打副翼,同时方向舵配合转弯,使飞机进入一个较小的角度执行转向前飞的操作,并通过油门和升降舵的配合,保证飞机的高度一致。

② 在到达第2点时稍微回打副翼,根据航线半径的大小进行调整。到达第2点时,固定翼无人机左侧机翼正对操控者。继续执行与上步同向的转向操作,并保持高度一致,即将到达第3点时适当回舵,使飞机减小转向角度,此时固定翼无人机机头正对操控者。经过第3点后继续执行转向操作飞至第4点。到达第4点后右侧机翼正对操控者。经过第4点后同样执行转向动作飞至1点。

③ 到达1点后,向另一边执行转向操作转向第5点,到达第5点时固定翼无人机右侧机翼正对操控者,通过副翼与方向舵协调转弯,依次第6点(机头正对操控者),第7点(左侧机翼正对操控者),第1点(机尾正对操控者)。飞回1点后,匀速水平8字训练即完成,如图4-29所示。

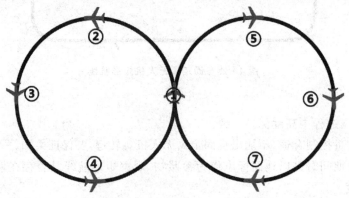

图4-29　固定翼无人机匀速水平8字

注意：

① 8字航线不得出现过大偏差，可以地面物体为参照物，保证航线组成形状。

② 转弯应为圆弧形航线，不得出现急转弯、掉高现象。

③ 转弯时机、舵量把握准确。

④ 8字航线飞行中高度应保持一致。

⑤ 飞行中到达某一点时，要保证飞机姿态符合上述要求，如右侧机翼正对操控者、左侧机翼正对操控者等。

⑥ 不得存在错舵现象。

固定翼无人机匀速水平8字模拟训练任务单如表4-9所列。

表 4-9　固定翼无人机匀速水平 8 字模拟训练任务单

固定翼无人机水平 8 字模拟训练任务单						
飞行训练时间	飞行场地	训练环境	使用机型			
4 课时	开阔跑道	风速：2 级以下	固定翼无人机冲浪者 X8、塞斯纳 182			
评分标准	名　称	评分要求		满　分	扣　分	得　分
	8 字航线	无人机在进行 8 字模拟训练飞行时要保证飞过的航线为圆弧形，并且符合 8 字飞行要求，如出现直角弯等情况一次扣 10 分，扣完为止		30		
	航线形状	无人机在 8 字飞行中要保证无人机匀速经过每一个模拟点位，少经过一点或不符合 8 字飞行要求一次扣 10 分，扣完为止		20		
	飞行姿态	无人机 8 字飞行时舵量应柔和，不应出现过大动作，出现一次扣 5 分，扣完为止		20		
	飞行高度	在飞行过程中应保证高度一致，出现大幅度掉高或上升情况一次扣 5 分，扣完为止		30		
合计总分：				100		

任务 4.4　无人直升机模拟飞行

一、任务导入

无人直升机模拟飞行训练包括起飞降落训练、四面悬停训练、360°悬停训练、水平 8 字训练。无人直升机模拟飞行训练难度较高，是多旋翼无人机模拟飞行进阶版。通过前面多旋翼、固定翼模拟飞行的学习，可以减少此任务的学习难度。本次任务以凤凰 PhoenixRC 模拟器为例，提高大家无人直升机模拟飞行能力，为后续实际操作打下基础。

二、任务分析

1. 任务要求

① 学习并掌握无人直升机起飞降落训练。

② 学习并掌握无人直升机四面悬停训练。

③ 学习并掌握无人直升机 360°匀速水平悬停训练。

④ 学习并掌握无人直升机匀速水平 8 字训练。

2. 实施方法

（1）理论教学

组织形式：以班级为单位进行双师云课堂或线下授课。

教学方法：采用多媒体教学并结合实物、挂图进行理论讲授。

（2）实训教学

组织形式：对班级全体学生进行分组，每组控制在 6～8 人。

教学方法：老师示范，学生在老师的指导下轮流动手操作模拟器，助教巡回指导，并将问题反馈给老师。或老师示范后，学生分组操作模拟器，老师巡回指导。

三、任务实施

1. 无人直升机起飞降落模拟训练

（1）起　飞

① 操纵无人直升机起飞，缓慢推油门，等待主旋翼和尾桨转速大致相同。

② 继续推油门使直升机起飞，无人直升机离开地面后通过控制操纵杆稳定无人直升机姿态，如图 4 - 30 所示。

（2）降　落

① 缓慢减小油门，当无人直升机距离地面 30 cm 左右时，使无人直升机悬停在此高度。

② 稳定姿态后，缓慢下降，直至降落完成，主旋翼与尾桨停止旋转，如图 4 - 31 所示。

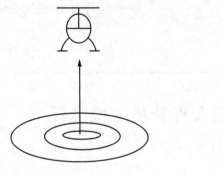
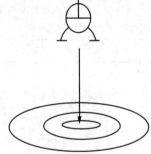

图 4 - 30　无人直升机起飞　　　　图 4 - 31　无人直升机降落

注意：

① 起飞和降落过程中，油门增加或减小幅度不宜过大。

② 起飞时要保证尾桨转速达到一定值才可以起飞，否则无人直升机会自旋起飞。

③ 起飞时要保证无人直升机的飞行姿态，不宜有过大动作。

④ 降落时，当无人直升机脚架接触地面时，不能触碰其他杆位，否则会导致无人直升机降落失败。

无人直升机起降模拟训练任务单如表 4 - 10 所列。

表 4 - 10　无人直升机起降模拟训练任务单

无人直升机起降模拟训练任务单						
飞行训练时间	飞行场地	训练环境	使用机型			
4 课时	开阔场地	风速:2 级以下	无人直升机 F450			
评分标准	名　称	评分要求	满　分	扣　分	得　分	
	调节油门	增加或减小油门时要保证缓慢匀速,如出现突然增加或减小油门情况适当减分	25			
	起飞动作	起飞时无人直升机是否出现自转情况,如出现自转情况扣15 分	25			
	降落动作	降落时是否使无人机提前悬停减小冲力,如无此动作,扣15 分	25			
	降落姿态	无人机降落接触地面幅度是否平稳,是否出现弹跳,如触碰地面幅度较大,扣 5 分,弹跳一次扣 10 分,扣完为止	25			
合计总分:			100			

2. 无人直升机四面悬停模拟训练

（1）对尾悬停

① 操纵无人直升机对尾起飞,使无人直升机悬停在一处位置,不得发生移动,如图 4 - 32 所示。

② 当无人直升机向左移动时,应压右副翼修回原点;当无人直升机向右运动时,应压左副翼修回原点。

③ 当无人直升机向前移动时,应向后拉升降杆使无人直升机回到原点;当无人直升机向后运动时,应前推升降杆使无人直升机回到原点。

④ 当无人直升机向左偏航时,应右打方向舵使无人直升机回到原点;当无人直升机向右偏航时,应左打方向舵使无人直升机回到原点。

⑤ 当无人直升机下降时,应增加油门使无人直升机回到原高度;当无人直升机上升时,应减小油门使无人直升机回到原高度。

注意:

① 当无人直升机对尾悬停受到扰动时,应快速并正确判断修正方向,注意把握修正力度,不要错舵。

② 在悬停过程中,如无人直升机姿态受到扰动,应迅速判断修正方向,把握修正力度,不能错舵。

③ 由于无人直升机操作难度相对较高,在修正过程中应注意修正动作不宜过大,否则会导致无人直升机无法回到原悬停点。

（2）左侧悬停

① 操纵无人直升机对尾起飞,使无人直升机悬停在一处位置,向左打方向舵,使无人直升机左侧面正对屏幕,调整完成后,无人直升机应悬停在一处位置,不得发生移动,如图 4 - 33 所示。

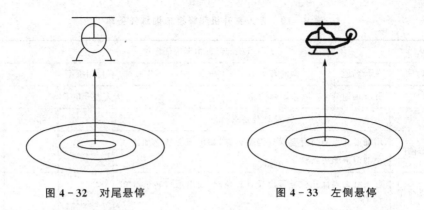

图 4-32　对尾悬停　　　　　　　　图 4-33　左侧悬停

②　当无人直升机向左移动时,应后拉升降杆修回原点;当无人直升机向右运动时,应前推升降杆修回原点。

③　当无人直升机远离自己时,应左压副翼使无人直升机回到原点;当无人直升机靠近自己时,应右压副翼使无人直升机回到原点。

④　当无人直升机向左偏航时,应右打方向舵使无人直升机回到原点;当无人直升机向右偏航时,应左打方向舵使无人直升机回到原点。

⑤　当无人直升机下降时,应增加油门使其回到原高度,当无人直升机上升时,应减小油门使其回到原高度。

注意:

①　无人直升机左侧悬停时不得发生过大偏移或使其存在过大姿态角。

②　无人直升机左侧悬停受到扰动时,应快速并正确判断修正方向,注意把握修正力度,不要错舵。

（3）右侧悬停

①　操纵无人直升机对尾起飞,使其悬停在一处位置,向右打方向舵,使无人直升机右侧面正对屏幕,调整完成后,无人直升机应悬停在一处位置,不得发生移动,如图 4-34 所示。

②　当无人直升机向左移动时,应前推升降杆修回原点;当无人直升机向右运动时,应后拉升降杆修回原点。

③　当无人直升机远离自己时,应右压副翼使其回到原点;当无人直升机机靠近自己时,应左压副翼使其回到原点。

④　当无人直升机向左偏航时,应右打方向舵使其回到原点;当无人直升机向右偏航时,应左打方向舵使其回到原点。

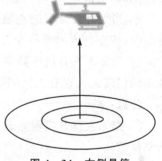

图 4-34　右侧悬停

⑤　当无人直升机下降时,应增加油门使其回到原高度;当无人直升机上升时,应减小油门使其回到原高度。

注意:

①　无人直升机右侧悬停时不得发生过大偏移或使其存在过大姿态角。

②　无人直升机右侧悬停受到扰动时,应快速并正确判断修正方向,注意把握修正力度,不要错舵。

（4）对头悬停

① 操纵无人直升机对尾起飞，使其悬停在一处位置，向右打或左打方向舵使无人直升旋转180°，无人直升机头部面正对屏幕，调整完成后，无人直升机应悬停在一处位置，不得发生移动，如图4-35所示。

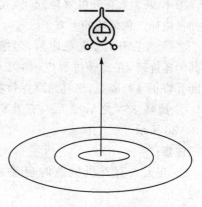

图 4-35　对头悬停

② 当无人直升机向左移动时，应左压副翼修回原点；当无人直升机向右运动时，应右压副翼修回原点。

③ 当无人直升机远离自己时，应前推升降杆使其回到原点；当无人直升机靠近自己时，应后拉升降杆使其回到原点。

④ 当无人直升机向左偏航时，应左打方向舵使其回到原点；当无人直升机向右偏航时，应右打方向舵使其回到原点。

⑤ 当无人直升机下降时，应增加油门使其回到原高度；当无人直升机上升时，应减小油门使其回到原高度。

注意：

① 无人直升机右侧悬停时不得发生过大偏移或使其存在过大姿态角。

② 无人直升机右侧悬停受到扰动时，应快速并正确判断修正方向，注意把握修正力度，不要错舵。

无人直升机四面悬停模拟训练任务单如表4-11所列。

表 4-11　无人直升机四面悬停模拟训练任务单

无人直升机四面悬停模拟训练任务单						
飞行训练时间	飞行场地	训练环境	使用机型			
4 课时	开阔场地	风速：2 级以下	无人直升机 F450			
评分标准	名　称	评分要求		满　分	扣　分	得　分
	对尾悬停	无人直升机在对尾悬停时是否出现大幅度移动，出现一次扣5分，修正过程中是否出现错舵，出现一次扣10分，出现大幅度掉高或上升一次扣5分，扣完为止		25		
	左侧悬停	无人直升机在左侧悬停时是否出现大幅度移动，出现一次扣5分，修正过程中是否出现错舵，出现一次扣10分，出现大幅度掉高或上升一次扣5分，扣完为止		25		
	右侧悬停	无人直升机在右侧悬停时是否出现大幅度移动，出现一次扣5分，修正过程中是否出现错舵，出现一次扣10分，出现大幅度掉高或上升一次扣5分，扣完为止		25		
	对头悬停	无人直升机在对头悬停时是否出现大幅度移动，出现一次扣5分，修正过程中是否出现错舵，出现一次扣10分，出现大幅度掉高或上升一次扣5分，扣完为止		25		
合计总分：				100		

3. 无人直升机360°匀速水平悬停模拟训练

① 操纵无人直升机对尾起飞,起飞后保持一个高度悬停,并处在地标红色区域的上方。

② 无人直升机姿态稳定后,匀速向左或向右拨动方向舵,使其匀速旋转,在旋转过程中,如无人直升机发生偏转应及时判断并修正飞行姿态,使其始终保持在地标红色区域的上方。

③ 旋转360°之后使无人直升机悬停,安全降落即可,如图4-36所示。

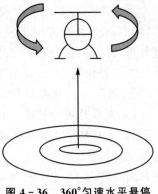

注意:

① 在无人直升机偏航时应注意偏航速度,不宜过快或过慢。

图4-36 360°匀速水平悬停

② 要始终保持无人直升机处于红色地标上方,姿态不得发生过大偏移,高度不得存在落差。

③ 无人直升机偏航时要保证偏航动作匀速且不能停止。

无人直升机360°匀速水平悬停模拟训练任务单如表4-12所列。

表4-12 无人直升机360°匀速水平悬停模拟训练任务单

<table>
<tr><td colspan="6" align="center">无人直升机360°匀速水平悬停模拟训练任务单</td></tr>
<tr><td>飞行训练时间</td><td>飞行场地</td><td>训练环境</td><td colspan="3">使用机型</td></tr>
<tr><td>4课时</td><td>开阔场地</td><td>风速:2级以下</td><td colspan="3">无人直升机F450</td></tr>
<tr><td rowspan="5">评分标准</td><td>名 称</td><td>评分要求</td><td>满 分</td><td>扣 分</td><td>得 分</td></tr>
<tr><td>定点转向</td><td>无人直升机在悬停转向时要保证转向匀速,如出现大幅度偏移或错舵一次扣10分,扣完为止</td><td>40</td><td></td><td></td></tr>
<tr><td>持续转向</td><td>无人直升机在转向时要保证持续偏航,如出现转向停止一次扣10分,扣完为止</td><td>20</td><td></td><td></td></tr>
<tr><td>定点降落</td><td>无人直升机执行360°旋转之后进行定点降落,如降落到标识区域外扣15分</td><td>20</td><td></td><td></td></tr>
<tr><td>飞行高度</td><td>在飞行过程中应保证高度一致,出现大幅度掉高或上升情况一次扣5分,扣完为止</td><td>20</td><td></td><td></td></tr>
<tr><td colspan="3" align="center">合计总分:</td><td>100</td><td></td><td></td></tr>
</table>

4. 无人直升机匀速水平8字模拟训练

① 在模拟器中调出对应的训练场地。根据自己情况选择先左圈或右圈,这里以先左圈后右圈为例。

② 从1点对尾起飞,稳定飞行姿态后,前推升降杆并左打方向舵飞向2点,在此期间保持高度一致;到达2点无人直升机应处于左侧悬停姿态,继续前推升降杆并左打方向舵飞向3点,到达第3点无人直升机应处于对头悬停姿态;继续前推升降杆并左打方向舵飞向4点,到达第4点无人直升机应处于右侧悬停姿态;继续前推升降杆并左打方向舵飞向1点,到达1点无人直升机应处于对尾悬停姿态。

③ 继续前推升降杆并右打方向舵飞向 5 点,到达 5 点无人直升机应处于右侧悬停姿态;继续前推升降杆并右打方向舵飞向 6 点,到达 6 点无人直升机应处于对头悬停姿态;继续前推升降杆并右打方向舵飞向 7 点,到达 7 点无人直升机应处于左侧悬停姿态;继续前推升降杆并右打方向舵飞向 1 点,到达 1 点无人直升机应处于对尾悬停姿态,8 字飞行完成,将无人直升机安全降落即可,如图 4 - 37 所示。

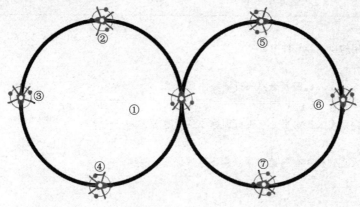

图 4 - 37　水平 8 字

注意:

① 在前进过程中无人直升机应匀速飞行,高度不变。

② 在 8 字飞行中,从一点飞向另一点时应注意飞行轨迹为圆弧航线,不能使飞行轨迹为直角航线。

③ 在 8 字飞行中,无人直升机不得停止,要始终保持在匀速飞行状态。

④ 在 8 字飞行中,无人直升机的飞行轨迹不得大幅度偏移圆弧轨迹,如产生偏移,应立刻使用副翼舵修正。

无人直升机匀速水平 8 字模拟训练任务单如表 4 - 13 所列。

表 4 - 13　无人直升机匀速水平 8 字模拟训练任务单

无人直升机匀速水平 8 字模拟训练任务单						
飞行训练时间	飞行场地	训练环境	使用机型			
4 课时	开阔场地	风速:2 级以下	无人直升机 F450			
评分标准	名　称	评分要求		满　分	扣　分	得　分
	8 字航线	无人直升机在进行 8 字模拟训练飞行时要保证飞过的航线为圆弧形,并且符合 8 字飞行要求,如出现直角弯等情况一次扣 10 分,扣完为止		25		
	8 字点位	无人直升机在 8 字飞行中要保证无人机匀速经过每一个点位,少经过一点或不符合 8 字飞行要求一次扣 10 分,扣完为止		25		
	飞行速度	无人直升机在 8 字飞行中应保证匀速且无人机不能停止飞行,出现停止状态,一次扣 5 分		25		
	飞行高度	无人直升机在进行 8 字飞行中应保证无人机高度基本一致,出现大幅度掉高或大幅度上升一次扣 5 分,扣完为止		25		
合计总分:				100		

项目核验

<table>
<tr><td colspan="8" align="center">项目核验单</td></tr>
<tr><td>班 级</td><td></td><td>姓 名</td><td></td><td>学 号</td><td></td><td>日 期</td><td></td></tr>
<tr><td colspan="8">

一、相关知识

1. 简述常用的模拟器软件有哪些。

2. 简述多旋翼无人机四面悬停飞行训练注意事项。

3. 简述固定翼无人机水平 8 字飞行训练注意事项。

4. 简述无人直升机 360°匀速水平悬停飞行训练注意事项。

二、操作内容

1. 以凤凰模拟器为例进行多旋翼无人机飞行训练，并记录飞行注意事项。

2. 以凤凰模拟器为例进行无人直升机飞行训练，并记录飞行注意事项。

三、评价反馈

1. 自我评价

2. 学生建议

</td></tr>
<tr><td>成绩评定</td><td></td><td colspan="2" align="center">教 师</td><td colspan="4"></td></tr>
</table>

项目 5 无人机飞行训练

【项目描述】

在无人机应用技术专业中,无人机的飞行操控是无人机从业者的必备技能,而用遥控器操控飞行又是无人机操控技术中最基本的方法,也是难度相对较大的一种操控方式,需要同学们拿出一定的时间进行专项训练才可以掌握的一项技能。所以本项目会带领同学们,分机型进行讲解遥控操控无人机训练的一些方法。通过实际训练与理论基础相结合的形式,让同学们尽快掌握操控无人机飞行这项技能,从而在无人机学习的道路上更上一层楼。

本项目主要分为三部分进行介绍,分别按固定翼无人机飞行训练、多旋翼无人机飞行训练、无人直升机飞行训练进行讲解。其中对每一类无人机都分别按基础飞行训练和提升飞行训练进行介绍。只有掌握了无人机操控训练的训练方法后,再结合实际飞行中的飞行体验,才能打下良好的无人机飞行操控基础。这部分的学习是将理论讲解训练方法与实操飞行相结合,先熟悉飞行训练的方法,再经过一定时间的实践飞行训练,从而达到人机操控训练的目的。

【项目要求】

① 掌握固定翼无人机、多旋翼无人机以及无人直升机的起飞前检查校准工作。
② 掌握固定翼无人机基本飞行训练方式,熟悉固定翼无人机提升飞行训练方式。
③ 掌握多旋翼无人机基本飞行训练方式,熟悉多旋翼无人机提升飞行训练方式。
④ 掌握无人直升机基本飞行训练方式,熟悉无人直升机提升飞行训练方式。
⑤ 具备每次飞行任务结束后维护检修无人机的能力。

任务 5.1 无人机飞行训练基础知识

一、任务导入

在进行实际飞行训练之前,相信同学们已经在模拟飞行技术上打下了坚实的飞行基础。来到室外飞行训练,需要考虑诸多因素,比如飞行环境因素、飞行场地因素、心理素质因素、训练设备可靠性等因素都会影响飞行训练的效果和进度,希望同学们在本章节学习过程中,要严格按照操控规范和操控指导的要求逐步操作,训练过程严格按照指导老师提出的要求进行。

二、任务分析

1. 任务要求

① 熟悉飞行训练场地与环境,学会依靠工具检测风速风向,或根据经验估算风速大小。
② 熟练掌握各类遥控器摇杆的操控方式以及各类遥控器的基础功能的设置。
③ 具备在特殊气象环境下判断是否具备飞行条件的能力。

2．实施方法

本任务采用一体化教学模式，主要组织形式与教学方法如下：

组织形式：以班级为单位进行集中实训教学。

教学方法：通过讲述方式使学生掌握飞行训练要点，并使用多媒体结合无人机模拟器，进行飞行训练过程的演示与注意事项的讲解，学生理解操控飞行要点后，在无人机模拟器上尝试实践操作。

三、任务实施

引导问题1：飞行环境中风向的判断？

在飞行环境中，对飞行影响最大的环境因素就是风，风向的改变或风速的增加会影响无人机在空中飞行的安全。那么，如何判断飞行环境中的风向和风速呢？风向，是指风吹来的方向，测量风向的方法有很多，风向标就是测定风向的仪器之一，它离地面10～12 m高，如果附近有障碍物，其安置高度至少要高出障碍物6 m以上，并且指北的短棒要正对北方。风向箭头指在哪个方向，就表示当时刮什么方向的风。风向标上还有一块长方形的风压板（重型的重800 g，轻型的重200 g），风压板旁边装有一个弧形框，框上有长短齿。风压板扬起所经过长短齿的数目表示风力的大小。

除了使用风向标测量具体的风向和风速以外，很多时候可以通过周围环境判断出大致的风向和风速，判断依据如表5-1所列。

表5-1　风速等级与环境影响对照

风速等级	名　称	平均离地面10 m处风速/(km·h^{-1})	地面景象
0	无风	<1	静，烟直上
1	软风	1～5	烟示风向
2	轻风	6～11	感觉有风
3	微风	12～19	旌旗展开
4	和风	20～28	吹起尘土
5	劲风	29～38	小树摇摆
6	强风	39～49	电线有声
7	疾风	50～61	步行困难
8	大风	62～74	折毁树枝
9	烈风	75～88	小损房屋
10	狂风	89～102	拔起树木
11	暴风	103～117	损毁重大
12	飓风	118～133	摧毁极大

在固定翼飞行训练过程中，风对无人机起飞和着陆的滑跑距离与滑行时间影响较大。一般情况下固定翼无人机都选择逆风起降，因此固定翼无人机飞行训练场地尽量要选择开阔一

些的,最好能实现跑道两端都可进行起飞降落。在逆风起降过程中,起飞过程机翼可以获得更大的升力,降落过程机体可以获得更大的阻力,缩短滑跑距离,从而增强无人机开始运动时的稳定性和操控性。同时需要注意观察起降时的风力大小,如果过大将无法进行起降任务。

引导问题 2:飞行环境中能见度对飞行训练的影响?

在目视飞行训练中,飞行环境的能见度也会对飞行训练产生影响。能见度是反映大气透明度的一个指标,是指视力正常的人在当前天气条件下,能够从天空背景中看到和辨识目标物的最大水平距离,单位一般用米或千米表示。在户外飞行作业时,测量大气能见度一般可以直接目测,也可以使用大气透射仪、激光能见度自动测量仪等测量设备。但在飞行训练时,多用目测进行判断飞机是否能够进行起飞训练,能见度的划分如表 5-2 所列。

表 5-2　能见度判断标准

序　　号	能见度	判断标准
1	20～30 km	能见度极好,视野清晰
2	15～25 km	能见度好,视野较清晰
3	10～20 km	能见度一般
4	5～15 km	能见度较差,视野不清晰
5	1～10 km	轻雾,能见度差,视野不清晰
6	0.3～1 km	大雾,能见度很差
7	小于 0.3 km	重雾,能见度极差
8	小于 0.1 km	浓雾,能见度极差
9	不足 100 m	参见度为零

引导问题 3:使用遥控器操纵时,对摇杆的操控手法有哪些?

遥控器常用操控方式有捏杆式和压杆式两种。

捏杆式操纵方式是拇指的指肚按在操纵杆上,食指的指肚放在摇杆侧面,如图 5-1 所示。此种操控方式中食指就像弹簧一样,缓冲拇指带动摇杆的运动,让控制更加细腻、更容易掌控,这种操纵方式适合刚开始飞行的新手。

压杆式操纵方式是大拇指直接按在摇杆上部,如图 5-2 所示。此种操纵方式由于大拇指没有限位,所以要想很好地操纵无人机需要精准的带杆量,如果拇指带动摇杆运动的幅度偏大,无人机的姿态反应就会比较大,故需要操控人员长期练习,感受不同杆位的阻尼力矩,才能更好地掌控无人机。

图 5-1　捏杆式操纵方式

图 5-2　压杆式操纵方式

任务5.2　固定翼无人机飞行训练

一、任务导入

　　固定翼无人机是无人机领域中应用非常广泛的一类无人机,掌握固定翼无人机的操控技术是一项十分重要的技能。固定翼无人机的训练方法可以从模拟飞行训练入手,当完全熟练掌握模拟飞行之后,再进行固定翼无人机实飞训练,进行无人机实飞训练之前,一定要做好飞行前检查工作,尤其是固定翼无人机机体结构的检查,同时还要熟悉操控设备使用的细节。在操控固定翼无人机飞行时,注意调整好心态,避免在飞行过程中出现情绪过分紧张的情况,导致操控失误。一旦出现控制失误将会造成不可弥补的损失与伤害,每次进行飞行训练前都要做好各项细节准备,每一环节都不可忽视。

二、任务分析

1. 任务要求

① 掌握固定翼无人机的基础飞行训练技巧和提升飞行训练技巧。

② 结合固定翼无人机飞行原理的理论知识,加深对固定翼无人机飞行原理的理解。

③ 掌握固定翼无人机飞行前检查的基本流程,和降落后的故障排查等工作。

2. 实施方法

(1) 理论教学

组织形式:学生以班级为单位进行集中实训教学。

教学方法:通过讲述方式使学生掌握飞行训练要点,并使用多媒体结合无人机模拟器进行飞行训练过程的演示与注意事项的讲解,学生理解操控飞行要点后,在无人机模拟器上尝试实践操作。

(2) 实训教学

组织形式:学生分为若干小组,每组4～6人进行分组实训。

教学方法:在室外飞行场地,由教师进行飞行示范演示后,各小组依次进行飞行尝试,学生轮流动手操作。

三、任务实施

第一部分:知识准备

引导问题1:固定翼无人机飞行训练机型的结构组成及类型?

　　固定翼无人机飞行训练使用的设备可以是学生自行组装的机型,具有结构简单、性能稳定、装调方便等特点,固定翼无人机机体结构主要由机身、机翼、尾翼、起落架以及辅助舵面等结构组成,主要系统有飞控系统、伺服动作执行系统、动力系统、通信系统以及导航系统等。可以把固定翼无人机训练分为基础训练和进阶训练,根据不同的训练难度对应使用不同的机型,主要分为基础训练机型和提升训练机型,基础训练可以选用翼展为1 000～1 500 mm的上单翼EPO发泡材质的机型。提升训练可以选用翼展为1 500～2 400 mm的油动木质结构的机型,如图 5 - 3 所示。

图 5 - 3　固定翼基础训练机型和提升训练机型

引导问题 2:固定翼无人机飞行训练方式有哪些?

固定翼无人机飞行训练分为两个阶段:基本训练阶段和提升训练阶段。基本训练阶段主要包括固定翼无人机起飞爬升训练、固定翼无人机定高平飞训练、固定翼无人机水平转弯训练、固定翼无人机下滑降落训练。提升训练阶段主要包括固定翼无人机矩形航线训练、固定翼无人机五边航线训练、固定翼无人机匀速水平 8 字训练。

第二部分:实训操作

固定翼无人机操控训练需要理论与实践并重的方式来学习,要想达到一定的飞行水平,首先要在头脑中形成控制通道与飞行姿态相对应的意识,这种对应关系的建立要通过模拟飞行训练实现。在每次实际飞行训练前,可以简单规划一下飞行轨迹,有目标地针对某个动作进行专项训练。这样可以明确无人机下一步该飞向哪里,不用一直思考接下来应该怎么对遥控器打舵,从而减少操控失误的情况。

(1)作业准备

① 飞行训练前要做好飞行计划报备工作。

② 固定翼无人机飞行使用设备及工具:已经组装调试完成的固定翼无人机、遥控器、教练线、符合规格的电池、电池保温箱、充电器、测电器、燃油箱以及配油桶。

③ 固定翼无人机飞行维护工具:内六角螺丝刀、尖嘴钳、螺丝胶、固体胶、3M 胶、扎带、应急配件。

④ 检查固定翼无人机的每个部分结构是否完整并且是否能够正常工作。启动前,检查无人机整体及零件是否工作正常、零件位置是否安装正确,遥控器与飞机是否连接正常、遥控器各项功能是否设置正确,保证飞控各项参数设置正确以及动力电源和系统电源电量充足。

⑤ 启动时注意设备启动顺序。首先开启遥控器以及地面站设备,然后给固定翼无人机上电并执行上电后的检查工作。检查无误后,告知在场与飞行无关的人员保持与飞行训练场地的安全距离,准备起飞。

(2)固定翼无人机基础训练

固定翼无人机飞行训练对飞行场地有一定的要求,其中基础训练需要有合适的飞行训练空域和平坦的跑道,每组训练尽量隔开,并且远离建筑物、人群等干扰源,尽量选择较少人群围观的开放式场地,训练场地内须设置警戒线和警示标牌,以警示围观人员。

1)固定翼无人机起飞爬升训练

固定翼无人机起飞爬升训练是指固定翼无人机从地面滑跑到离地升空的过程。固定翼无人机由于升空过程中升力不断增大,当升力大于固定翼无人机重力时,固定翼无人机进入空气动力学运动状态。起飞一般分为三个阶段,即滑跑、离地和爬升,如图5-4所示。影响起飞滑跑距离的因素有油门大小、离地迎角、起飞重量、跑道表面质量、风向风速、跑道坡度等。这些因素一般都是通过影响离地速度或起飞滑跑的平均加速度来影响起飞滑跑距离的。

固定翼无人机起飞
爬升训练视频

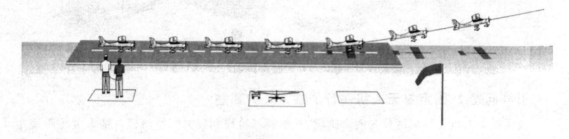

图5-4 固定翼无人机起飞训练

固定翼无人机起飞爬升训练步骤如下:

① 确保无人机一切正常且环境允许飞行,固定翼无人机启动,缓慢推动油门并控制滑跑方向,逐渐增加左手竖直通道油门舵大小,推油门的手法要缓慢柔和,并且右手逐渐下拉大约一半幅度的升降舵,遥控器操纵方式如图5-5所示。

② 当速度达到离地速度时,固定翼无人机离开地面,这时将升降舵平稳回中,使无人机平缓爬升,以便逐渐积累速度,增加升力,遥控器操控方式如图5-6所示。此时由于螺旋桨高速旋转会产生扭矩,故机身会向一侧倾斜,通过副翼舵的配合,固定翼无人机进入平衡爬升状态。

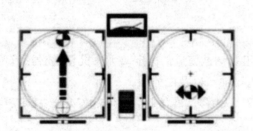

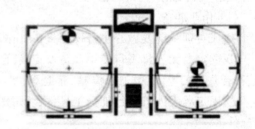

图5-5 遥控器左右通道摇杆运动方式及位置　　　图5-6 遥控器左右通道摇杆运动方式及位置

③ 固定翼无人机继续爬升,但要控制爬升角度不要超过迎角30°,过大的迎角会造成固定翼无人机出现失速状态,图5-6所示为固定翼无人机起飞训练示意图。

④ 在不低于5 m高度进行水平飞行,提高速度直至达到要求速度,柔和持续拉动升降杆使固定翼无人机爬升直至达到规定高度。

⑤ 为了保证固定翼无人机始终在自己的视野范围内,这时向左打一个小角度的副翼舵,使固定翼无人机向左发生滚转。

⑥ 直到转为左侧机翼朝向自己时即可将副翼舵回中,使固定翼无人机保持水平飞行姿态。

固定翼无人机起飞爬升训练任务单如表5-3所列。

表 5-3　固定翼无人机起飞爬升训练任务单

固定翼无人机起飞爬升训练任务单					
飞行训练时间	飞行场地	训练环境	使用机型		
4 课时	开阔跑道	风速：2 级以下	固定翼无人机冲浪者 X8、塞斯纳 182		
评分标准	任务名称	评分要求	满　分	扣　分	得　分
	启动滑跑离开地面	无人机正常启动并缓慢滑行，无人机平缓爬升，如出现滑跑过快每次扣 10 分，滑跑过程出现偏离跑道每次扣 10 分，如果不及时修正滑行航向角扣 10 分，扣完为止	40		
	空中爬升	控制爬升角度不要超过迎角 30°，爬升角度过大每次扣 10 分，控制爬升速度不要过快，飞行过快每次扣 10 分，扣完为止	40		
	稳定高度	无人机达到目标高度，控制无人机在指定高度，如果飞行高度出现过大起伏每次扣 5 分，扣完为止	20		
合计总分：			100		

2）固定翼无人机定高平飞训练

固定翼无人机定高平飞训练步骤如下：

① 在固定翼无人机完成起飞爬升动作后，固定翼无人机应该转入平飞的阶段，并尽可能确保固定翼无人机在视线范围内飞行，以使看清机体飞行姿态，如图 5-7 所示。

图 5-7　固定翼定高平飞训练

② 平飞时要求固定翼无人机不产生俯仰角，尽量保持在同一高度飞行。

③ 在直线平飞时，由于受到大风和气流的影响，故会出现侧滑角和左右滚转状态，通过副翼和方向舵的配合，使机翼达到水平的状态。

④ 根据固定翼无人机俯仰状态、滚转状态作出提前判断，经过长期练习，便可以掌握定高平飞的飞行技巧。

固定翼无人机定高平飞训练任务单如表 5-4 所列。

3）固定翼无人机水平转弯训练

固定翼无人机水平转弯训练步骤如下：

① 固定翼无人机水平转弯是固定翼无人机矩形航线飞行中最常用到的操作，固定翼无人机从起飞航线转向第一条航线时需要执行固定翼无人机转弯操作，如图 5-8 所示。

② 在起飞航线即将结束时，对副翼舵柔和打舵，使固定翼无人机机翼缓缓倾斜 25°～40°后，将副翼舵反向打舵，使固定翼无人机回到平飞的

固定翼无人机水平转弯训练视频

状态。

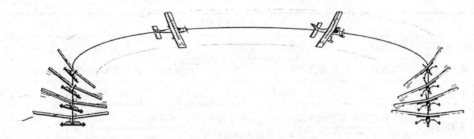

图 5-8　固定翼无人机水平转弯训练

③ 通过方向舵调整机头位置，使机头正对着第一条航线。

④ 使固定翼无人机进入定高平飞的状态，转向训练操作完成。

表 5-4　固定翼无人机定高平飞训练任务单

固定翼无人机定高平飞训练任务单						
飞行训练时间	飞行场地	训练环境	使用机型			
4 课时	开阔跑道	风速:2 级以下	固定翼无人机冲浪者 X8、塞斯纳 182			
评分标准	任务名称	评分要求		满分	扣　分	得　分
	平飞状态	无人机进入平飞阶段，如果出现飞行姿态左右滚转较大每次扣 5 分		40		
	稳定高度	无人机进行定高平飞，如果出现起飞较大每次扣 5 分		40		
	直线飞行	无人机始终沿直线飞行，如果机头发生左偏转或过大偏转每次扣 5 分		20		
合计总分:				100		

固定翼无人机水平转弯训练任务单如表 5-5 所列。

表 5-5　固定翼无人机水平转弯训练任务单

固定翼无人机水平转弯训练任务单						
飞行训练时间	飞行场地	训练环境	使用机型			
4 课时	开阔跑道	风速:2 级以下	固定翼无人机冲浪者 X8、塞斯纳 182			
评分标准	任务名称	评分要求		满分	扣　分	得　分
	定高平飞	飞行姿态为水平飞行，如果出现机体姿态不稳定时，每次扣 5 分，如果飞行过程速度忽快忽慢每次扣 5 分		20		
	产生滚转	将固定翼无人机机体倾斜 25°～40°的横滚角，如果横滚角度过大或过小，且修正不及时，每次扣 10 分		20		
	调整航向	调整固定翼无人机航向角与第一条航线成 90°，如果偏航角度过大或过小，每次扣 5 分，未能飞至指定航线扣 10 分		40		
	完成转向	操控固定翼无人机进入定高平飞的状态，如出现飞行姿态或飞行高度未达到平飞状态，每次扣 5 分		20		
合计总分:				100		

4）固定翼无人机下滑降落训练

固定翼无人机下滑降落训练是建立在较为完整的矩形起降航线训练的基础上进行,矩形起降航线是指为固定翼无人机在进行下滑飞行或着陆时建立的飞行航线。典型的矩形起降航线包括四个转弯点和五条边的方块航线。它们分别为第一边(上风边)、第二边(侧风边)、第三边(下风边)、第四边(基线边)和第五边(最后进近边),如图 5-9 所示。

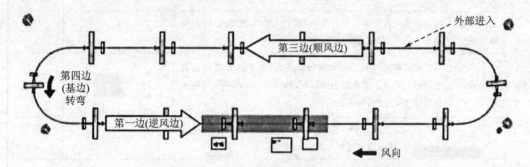

图 5-9　固定翼无人机矩形起降航线俯视图

飞行中应按规定的高度、速度、航向及有关程序操纵飞机起飞和着陆。以起飞方向为准,向左转弯称"左航线",向右转弯称"右航线"。

固定翼无人机下滑降落训练步骤如下:

① 固定翼无人机降落航线的训练可以从第三边航线开始执行,要求固定翼无人机机头正对第三边航线,且固定翼无人机以平飞降高的飞行状态,从第三边航线的前半部分以合适的角度进入矩形降落航线,如图 5-9 所示。

② 执行降高操作时,将固定翼无人机左转向进入第四边航线,随后固定翼无人机回至平飞状态,并逐渐减小油门,柔和拉升降舵,使固定翼无人机准备再次进入左转向状态。

③ 根据固定翼无人机当前速度调整下滑速度,同上执行左转向操作,并将机头不断调整到正对跑道方向同时将油门收至最小位置,根据固定翼无人机距离地面的高度来调整升降舵拉动的幅度。

④ 固定翼无人机逐渐下降并通过副翼舵不断调整,使固定翼无人机保持水平下滑状态,固定翼无人机高度减小不宜过多,当固定翼无人机通过操控者正前方时,即为起落架触地的最佳时机。

⑤ 固定翼无人机触地后,通过控制方向舵来调整滑行方向,直到固定翼无人机完全停止运动,即降落训练完成。

固定翼无人机下滑降落训练任务单如表 5-6 所列。

（3）固定翼无人机提升训练

固定翼无人机提升训练需要有适合的飞行场地,并且在每次飞行训练前做好空域使用报备工作。如果是使用轮式滑跑固定翼无人机,那就需要选择有平坦跑道的场地,若是弹射架起飞或是其他起降方式的训练,那么对场地要求可适当降低,但无论哪种起降方式都要注意每组训练之间应留有安全距离,并且远离建筑物、人群等干扰源,尽量选择较少人群围观的开放式场地,训练场地内必须设置警戒线和警示标牌,以警示围观人员。

表 5－6　固定翼无人机下滑降落训练任务单

固定翼无人机下滑降落训练任务单						
飞行训练时间	飞行场地	训练环境	使用机型			
4 课时	开阔跑道	风速：2 级以下	固定翼无人机冲浪者 X8、塞斯纳 182			
评分标准	任务名称	评分要求		满　分	扣　分	得　分
	进入下滑降落航线	固定翼无人机进入第三边航线，如果进入的角度过大，会出现偏离航线的情况，每次出现扣 10 分		20		
	降高操作	操控固定翼无人机进入第四边航线，如果未进入第四边航线，则扣 10 分。逐渐减小油门，缓缓降低飞行高度，如果飞行高度下降过快，每次扣 5 分		20		
	左侧滚转	无人机向左滚转并同时降低高度，如果无人左侧滚转角过大扣 5 分，降低高度过快每次扣 5 分		20		
	触地降落	无人机触地后，调整滑跑方向。如果降落过程出现触地后又弹起，每次扣 10 分，如果滑出跑道，每次扣 10 分		40		
合计总分：				100		

1）固定翼无人机矩形航线训练

通过选取地面参照物，在空中合适的高度建立两条平行于起飞跑道的航线为矩形航线的长边，而两条短边与其垂直，从而构成固定翼无人机矩形航线的四条边，如图 5－10 所示。固定翼无人机的矩形航线长度和飞行高度是根据训练使用的固定翼无人机的大小、续航能力以及训练时的天气情况进行及时调整的，可以根据具体实际情况提前作好飞行规划。比如训练时空气能见度较差或风速较大，这时容易产生视觉误差，可以及时缩短航线长度或先暂停飞行训练，任何飞行训练都要尽可能在安全范围内开展，避免造成不必要的损失。

固定翼无人机矩形航线训练视频

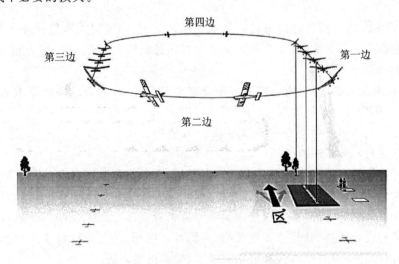

图 5－10　固定翼无人机矩形航线训练

固定翼无人机矩形航线训练步骤如下：

① 进行矩形航线飞行之前，要先观察飞行训练周围的环境，选择好参照物，操作员要面向跑道，并且不能将固定翼无人机飞至自己身后。空中无论遇到何种情况都要尽可能地分清飞行姿态。

② 矩形航线第一边航线为平行于跑道正上方的起飞航线，具体操作可以参考起飞爬升训练的操作。

③ 在到达第一转弯时执行转弯操作步骤，完成后进入第二边航线，执行平飞姿态操作。

④ 在第二转弯处执行转弯操作，并转向第三边航线开始定高平飞，如需要降落，此时开始收油门、降低高度，如继续执行矩形航线训练则保持高度，转向第四边航线。

⑤ 在第四边航线继续执行定高平飞操作，直到航线结束，即完成一次矩形航线训练。

固定翼无人机矩形航线训练任务单如表 5－7 所列。

表 5－7　固定翼无人机矩形航线训练任务单

固定翼无人机矩形航线训练任务单						
飞行训练时间	飞行场地	训练环境	使用机型			
6 课时	开阔跑道	风速：2 级以下	轻木油动固定翼无人机			
评分标准	任务名称	评分要求		满　分	扣　分	得　分
	进入矩形航线	从起飞航线进入第一边航线，要求飞行航线沿直线飞行，飞行高度保持一致，如果出现偏离航线每次扣 5 分，如果出现高度忽高忽低每次扣 5 分		20		
	第二边航线	操控固定翼无人机从第一边航线飞出，转 90°圆弧到达第二边航线，如果转弯过早或过晚扣 10 分		20		
	第三边航线	操控固定翼无人机从第二边航线飞出，转 90°圆弧到达第三边航线，如果转弯过早或过晚扣 10 分		20		
	第四边航线	操控固定翼无人机从第三边航线飞出，转 90°圆弧到达第四边航线，如果转弯过早或过晚扣 10 分，完成后飞回第一边航线或进入降落航线		20		
合计总分：				100		

2）固定翼无人机起降五边航线训练

五边航线其实从上方俯视还是一个四边航线，由于起飞离场航线和进场降落航线的飞行高度不同，故将平行于跑道正上方的一条航线分为两部分，分别为起飞航线和降落航线，这两条航线与其他三条航线构成的五条航线被称为起降五边航线，如图 5－11 所示。五边航线由起飞、建立四边航线、着陆准备、着陆四部分构成。

第一边：起飞爬升对准跑道中心（逆风）。

第二边：爬升转弯，与跑道成 90°（侧风）。

第三边：收油门至中位，定高，并修正航线与跑道平行（顺风）。

第四边：对正跑道，保证正确的转弯速度与下降速度（侧风）

第五边：最后调整，保证角度与下降速度进场着陆（逆风）。

固定翼无人机起降五边航线训练具体步骤如下：

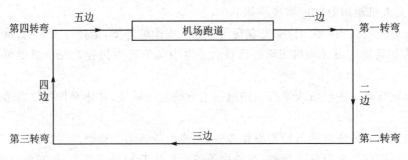

图 5-11　起降五边航线示意图

① 第一边为起飞航线,具体操作可参考前面起飞爬升基本训练进行操作即可。然后进入一转弯,完成后进入第二边进行水平定高直线飞行,后面的操作与之前介绍的相同,可以参考固定翼无人机矩形航线训练,直到进入第三转弯。

② 当进入第三转弯时,进行着陆准备,由于第三转弯的角度、时机、高度都会对降落航线的准确性产生很大影响,故必须认真做好第三转弯。

③ 进入第三转弯的时机需要根据四边航线的长短来进行判断,当第三边航线短时需要延迟入弯,否则无人机会过早进入第四边航线。当第三边航线长时需要延迟入弯,否则会出现飞机偏离航线。

④ 退出转弯后,保持平飞,观察固定翼无人机的高度与速度,预判航线是否对正第四转弯点,该第四转弯点距着陆点的距离是否合适,判断下滑时机。

⑤ 当固定翼无人机与跑道延长线的夹角为15°时,即可进入第四转弯。转弯时注意固定翼无人机接近跑道延长线的快慢和转弯剩余角是否相适应。转弯时保持好固定翼无人机姿态,发现偏差及时修正。

⑥ 当第四转弯剩余角为30°时,固定翼无人机应在跑道边线上。如固定翼无人机接近跑道延长线较快,而转弯剩余角减小较慢时,表明进入已晚,应增大副翼倾斜坡度和转弯速度。反之,则要适当减小倾斜坡度,调整转弯半径,使得转弯后正对跑道。

⑦ 进入第五边也就是降落着陆航线,下滑线正常时注意固定翼无人机速度,如果速度快则固定翼无人机位置会比较高,着陆点会远,加减油门时注意控制舵,防止固定翼无人机倾侧滑。

⑧ 固定翼无人机滑跑后,减小飞行速度,使机头自然下俯,前轮着地后,将升降舵回中。

⑨ 在滑跑过程中,如果要调整方向,需要使用方向舵进行微调,保证固定翼无人机沿跑道中心线滑行。

注意:当固定翼无人机下滑至离地 3 m 时,如果目测发现高度过高或者过低,应果断复飞。当固定翼无人机离地 0.5 m 处于平飘阶段时,不能通过改变固定翼无人机接地姿态来调整平飘距离。仰角过小,会使固定翼无人机弹跳着地,损坏固定翼无人机;仰角过大,速度低时会导致固定翼无人机失速坠落。

固定翼无人机起降五边航线训练任务单如表5-8所列。

3) 固定翼无人机匀速水平8字训练

根据地面参照物建立直径不小于20 m的两个横向相切的圆形航线进行固定翼无人机匀速水平8字训练,操纵者应正对着两圆相切的位置,如图5-12所示。

表 5-8　固定翼无人机起降五边航线训练任务单

固定翼无人机起降五边航线训练任务单						
飞行训练时间	飞行场地	训练环境	使用机型			
6 课时	开阔跑道	风速:2 级以下	轻木油动固定翼无人机			
评分标准	任务名称	评分要求		满 分	扣 分	得 分
	起飞航线	操控固定翼无人机缓缓爬升,到达预定高度后进入平飞状态,如果爬升过快则扣 5 分,未达到预定高度扣 10 分		20		
	第二边航线	保持飞行高度一致,操控固定翼无人机从第一边航线飞出,转 90°圆弧到达第二边航线,如果转弯过早或过晚扣 10 分		20		
	第三边航线	保持飞行高度一致,操控固定翼无人机从第二边航线飞出,转 90°圆弧到达第三边航线,如果转弯过早或过晚扣 10 分		20		
	第四边航线	保持飞行高度一致,操控固定翼无人机从第三边航线飞出,转 90°圆弧到达第四边航线,如果转弯过早或过晚扣 10 分		20		
	第五边降落航线	操控固定翼无人机逐渐减速降低高度,完成第四转弯后准备接地滑跑,如果高度降低过快扣 10 分,滑跑方向修正不及时扣 10 分		20		
合计总分:				100		

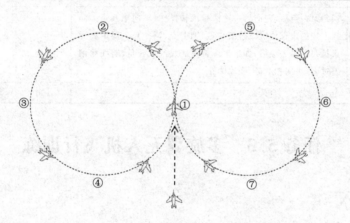

图 5-12　固定翼无人机匀速水平 8 字训练

固定翼无人机匀速水平 8 字训练步骤如下:

① 匀速水平 8 字训练第一点是两圆相切点,从第一点缓缓向一侧打副翼舵,产生一个较小的横滚角度,使固定翼无人机以较小的角度执行转向前飞的操作,并通过油门和升降舵的配合,保证固定翼无人机高度一致。在到达第二点时稍微回打副翼舵,根据航线半径的大小调整回舵大小和打舵的大小。

② 到达第二点时,操控者应看到一侧机翼朝向自己。继续执行与上步同向的转向操作,并保持高度一致,即将到达第三点时适当回舵,使固定翼无人机减小转向角度,此时固定翼无人机操控者可以看到机头的部分。

③ 经过第三点后继续执行转向操作飞至第四点。到达第四点后操控者可以看到另一侧

机翼的部分。经过第四点后同样执行转向操作飞回第一点。

④到达第一点后,则向另一边执行转向操作转向第五点。同样上述的步骤依次飞过第六点、第七点、第一点。固定翼无人机飞回第一点后,完成匀速水平8字训练。

固定翼无人机匀速水平8字训练任务单如表5-9所列。

表5-9　固定翼无人机匀速水平8字训练任务单

固定翼无人机匀速水平8字训练任务单						
飞行训练时间	飞行场地	训练环境	使用机型			
8课时	开阔跑道	风速:2级以下	轻木油动固定翼无人机			
评分标准	任务名称	评分要求		满　分	扣　分	得　分
	进入水平8字航线	操控固定翼无人机飞至相应高度,从航线第一点的位置开始,沿航线左滚转飞行,如果出现偏航角过大或偏离航线,每次扣5分		20		
	到达第二点	操控固定翼无人机到达第二点正上方,继续左滚转,如果出现偏离航线或滚转角、航线角偏差过大,每次扣5分		20		
	到达第三点	操控固定翼无人机到达第三点正上方,继续左滚转,如果出现偏离航线或滚转角、航线角偏差过大,每次扣5分		20		
	到达第四点	操控固定翼无人机到达第四点正上方,继续左滚转,如果出现偏离航线或滚转角、航线角偏差过大,每次扣5分		20		
	向右半圈执行向右滚转姿态	回到第一点后,则向另一边执行滚转操作,转向第五点。同样上述的步骤依次飞过第六点、第七点、第一点。固定翼无人机飞回第一点后,如果出现偏离航线或滚转角、航线角偏差过大,每次扣5分,扣完为止		20		
合计总分:				100		

任务5.3　多旋翼无人机飞行训练

一、任务导入

在对多旋翼无人机机体结构有一定了解的基础上,下面来具体地学习多旋翼无人机操控技术,无人机操控技术训练过程中每一项训练的飞行基本规则,同样可以通过无人机模拟器进行熟悉,待熟练掌握通过各通道控制飞行方向后,再进行实际飞行训练。多旋翼无人机飞行前的检查工作也是必不可少的,仔细检查机体的每一处结构,确保各环节严格按要求执行。飞行前调整好心态,下面就请同学们开始多旋翼无人机操控训练的学习吧。

二、任务分析

1. 任务要求

①掌握多旋翼无人机的基础飞行训练技巧和提升飞行训练技巧。

②结合多旋翼无人机飞行原理的理论知识,加深对固定翼无人机飞行原理的理解。

③掌握多旋翼无人机飞行前检查的基本流程和降落后的故障排查等工作。

2. 实施方法

（1）理论教学

组织形式：以班级为单位进行集中实训教学。

教学方法：通过讲述方式使学生掌握飞行训练要点，并使用多媒体结合无人机模拟器，进行飞行训练过程的演示与注意事项的讲解，学生理解操控飞行要点后，在无人机模拟器上尝试实践操作。

（2）实训教学

组织形式：学生分为若干小组，每组 4～6 人进行分组实训。

教学方法：在室外飞行场地，由教师进行飞行演示后，各小组依次尝试飞行，学生轮流动手操作。

三、任务实施

第一部分：知识准备

引导问题 1：多旋翼无人机飞行训练用机的结构组成及设备要求？

多旋翼无人机主要由中心板、机臂、电机座、起落架、飞控系统、动力系统、通信系统及导航系统等部分组成。多旋翼无人机训练使用机型要求具有结构简单、性能稳定、装调便捷、维护方便、航时长、载重能力小等特点，多旋翼无人机训练分为基础训练和进阶训练，可以根据不同的训练使用不同的机型，包括基础训练机型和提升训练机型。基础训练可以选用轴距为 350～550 mm 的四旋翼的机型。提升训练可以选用轴距为 850～1 000 mm 的六旋翼或八旋翼的机型，如图 5-13 所示。

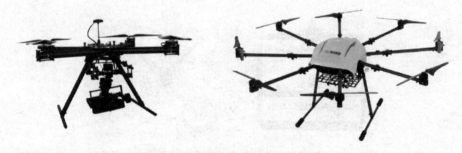

图 5-13　多旋翼无人机基础训练机型和提升训练机型

引导问题 2：多旋翼无人机飞行训练方式有哪些？

多旋翼无人机飞行训练分为两个阶段：基本训练阶段和提升训练阶段。基本训练阶段主要包括多旋翼无人机起飞降落训练、多旋翼无人机水平定高飞行训练、多旋翼无人机方向控制训练、多旋翼无人机四面悬停训练。提升训练阶段主要包括多旋翼无人机 360°匀速水平悬停训练、多旋翼无人机匀速矩形航线训练、多旋翼无人机匀速水平 8 字训练。

引导问题 3：遥控器是如何操控多旋翼无人机运动的？

多旋翼无人机通过调节多个电机转速来改变螺旋桨转速，从而实现升力的变化。多旋翼无人机有 3 种运动状态，分别为垂直运动、平移运动、偏航运动，其中平移运动根据平移方向不同又分为前后平移运动和左右平移运动。那么，遥控器是如何通过控制通道来操控多旋翼无人机进行这几种运动的呢？下面以美国手式遥控器为例给同学们介绍一下。

垂直运动：以美国手式遥控器为例，通过控制左手竖直方向的通道——油门通道，来控制多旋翼无人机垂直方向运动。随着油门杆逐渐上推，多旋翼无人机四个电机转速增加，同时产生向上的升力，当升力大于飞行器本身的重力时，无人机就可以实现上升的动作；当逐渐下拉油门杆时，多旋翼无人机高度逐渐减小，当升力等于无人机本身的重力时，无人机则处于悬停状态，如图 5-14 所示。

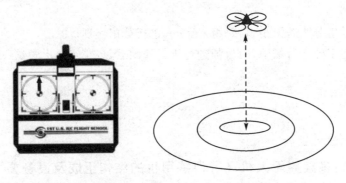

图 5-14 油门通道控制多旋翼无人机飞行高度

左右水平运动：以美国手式遥控器为例，通过控制右手水平方向通道——副翼通道，来控制多旋翼无人机水平方向左右运动。随着副翼舵逐渐向左推杆，多旋翼无人机通过调节左右两侧电机的转速改变，使得转速差值形成向左侧的水平分量，从而实现在机尾正对操控手时多旋翼无人机向左侧水平运动，如图 5-15 所示；向右侧推副翼舵，运动原理与左推副翼舵相同，多旋翼无人机形成水平向右侧的飞行运动。

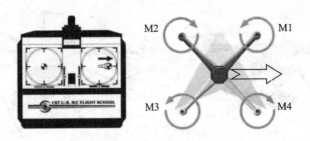

图 5-15 副翼通道控制多旋翼无人机水平左右飞行运动

前后水平运动：以美国手式遥控器为例，通过控制右手竖直方向通道——升降通道，来控制多旋翼无人机水平方向前后运动。随着升降舵逐渐向上推杆，多旋翼无人机通过调节前后两侧的转速改变，使得转速差值形成的水平分量指向前方，从而实现在机尾正对操控手时多旋翼无人机向前水平运动，如图 5-16 所示；向下拉升降舵，运动原理与上推升降舵相同，多旋翼无人机形成水平向后的飞行运动。

偏航运动：以美国手式遥控器为例，通过控制左手水平方向通道——方向通道，来控制多旋翼无人机水平方向机头转向运动。随着方向舵逐渐向左推杆，多旋翼无人机通过调节顺时针旋转的电机加速，逆时针旋转的电机减速，使得顺、逆方向形成的转速差值产生不平衡的反扭矩，从而实现整体机身逆时针方向的左偏航运动，如图 5-17 所示。向右推方向舵，运动原理与左推方向舵相同，多旋翼无人机形成机体整体顺时针方向的右偏航运动。

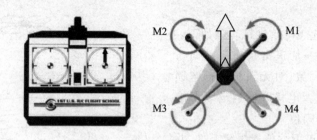

图 5 – 16　升降通道控制多旋翼无人机水平前后飞行运动

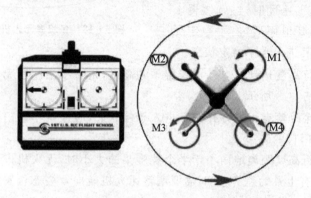

图 5 – 17　方向通道控制多旋翼无人机偏航运动

第二部分：实训操作

（1）作业准备

① 飞行训练前要做好飞行计划报备工作。

② 多旋翼无人机飞行使用设备及工具：已经组装调试完成的多旋翼无人机、遥控器、教练线、符合规格的电池、电池保温箱、充电器、测电器、燃油箱以及配油桶。

③ 多旋翼无人机飞行维护工具：内六角螺丝刀、尖嘴钳、螺丝胶、固体胶、3M 胶、扎带、应急配件。

④ 检查多旋翼无人机的每个部分结构是否完整并且是否能够正常工作。启动前，检查无人机整体及零件是否工作正常、零件位置是否安装正确，遥控器与飞机是否连接正常、遥控器各项功能是否设置正确，保证飞控各项参数设置正确以及动力电源和系统电源电量充足。

⑤ 启动时注意设备启动顺序。首先开启遥控器以及地面站设备，然后给多旋翼无人机上电并执行上电后的检查工作，检查无误后，告知在场与飞行无关的人员保持与飞行训练场地的安全距离，准备起飞。

（2）多旋翼无人机基础训练

多旋翼无人机基础训练的场地需要保证每架训练机有 10 m^2 的大小，每组训练尽量隔开，并且远离建筑物、人群等干扰源，训练场地内必须设置警戒线和警示标牌，以警示围观人员。

1）多旋翼无人机起飞降落训练

多旋翼无人机起飞降落训练首先要求操控人员确认飞行环境是否允许，保证所有人员距离无人机有一个安全的距离，建议 5 m 以上。操控人员在飞行训练时尽量保证站在无人机机尾正后方，使多旋翼无人机机头方向与操纵人员站立方向一致，并且在合适的距离操作无人机,如图5-18所示。

多旋翼无人机起飞降落训练步骤如下:

① 保证无人机一切正常且机头方向与操纵人员站立方向一致,对无人机进行解锁操作,听到提示音或者电机开始启动表示解锁成功,并将各摇杆归位。

② 将油门杆从正下方位置缓缓上推,并时刻观察无人机的状态。当无人机即将离开低面,达到临界起飞速度时,继续缓慢上推油门杆,无人机离开地面后,右手稳定无人机各方向姿态,使其进入水平稳定状态。

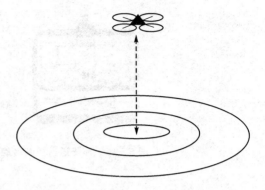

图5-18 多旋翼无人机起飞降落训练

③ 待无人机飞行高度达到与自己视线持平的高度,稍减小油门使无人机进入悬停状态,起飞训练完成,如图5-18所示。

④ 将无人机飞至降落点正上方并使其进入悬停状态,缓慢减小油门,使无人机进入缓慢下降状态,停止对油门杆的减小。

⑤ 待无人机飞行高度距离地面小于半个螺旋桨的大小时,无人机进入地面效应,升力会略微增大,使无人机有上升的趋势,此时需要调整无人机航向及姿态位置,并再次矫正无人机待降地点。

⑥ 此时稍减小油门,无人机继续下降直至触地,迅速将油门收至最小位置。待螺旋桨停转后,进行上锁操作,无人机降落训练完成。

多旋翼无人机起飞降落训练任务单如表5-10所列。

表5-10 多旋翼无人机起飞降落训练任务单

多旋翼无人机起飞降落训练任务单						
飞行训练时间	飞行场地	训练环境	使用机型			
4课时	平坦开阔	风速:2级以下	多旋翼无人机风火轮F450			
评分标准	任务名称	评分要求		满 分	扣 分	得 分
	解锁启动	对多旋翼无人机进行解锁操作,并将各摇杆归位,出现一次解锁未成功,扣5分,如果出现带杆现象,每次扣15分		20		
	缓缓起飞	操控多旋翼无人机缓缓起飞爬升,如果无人机出现左右前后飘摆过大或修正不及时每次扣10分,扣完为止		20		
	悬停飞行	操控多旋翼无人机稳定悬停在指定位置,保持高度不变,如果无人机出现高度忽高忽低或控制不得当,每次扣5分		20		
	降落逐步	操控多旋翼无人机进入下降状态,缓慢下拉油门杆,如果出现无人机下降过快或收油门过大,每次扣10分		20		
	降落上锁	操控多旋翼无人机触地,迅速将油门收至最小位置,并用遥控器上锁,如果出现粗猛着陆,扣15分,如果出现着陆时未将油门杆收到最小或未上锁,扣10分		20		
合计总分:				100		

2) 多旋翼无人机水平定高飞行训练

多旋翼无人机水平定高飞行训练步骤如下：

① 完成起飞操作后，从视线斜上方观察无人机距离起降点高度是否合适，高度合适后保持无人机对尾悬停。

② 操控副翼摇杆，使无人机在一定范围内匀速定高左右水平飞行，尝试不同舵量对无人机飞行速度的影响，并能实现在起降点正上方快速悬停。

③ 操控升降摇杆，使无人机在一定范围内匀速定高前后水平飞行，尝试不同舵量对无人机飞行速度的影响，并能实现在起降点正上方快速悬停。

④ 将副翼摇杆和升降摇杆相互配合，并执行降落操作。

多旋翼无人机水平定高飞行训练任务单如表 5-11 所列。

表 5-11　多旋翼无人机水平定高飞行训练任务单

多旋翼无人机水平定高飞行训练任务单						
飞行训练时间	飞行场地	训练环境	使用机型			
4 课时	平坦开阔	风速：2 级以下	多旋翼无人机风火轮 F450			
评分标准	任务名称	评分要求		满　分	扣　分	得　分
	解锁起飞	对多旋翼无人机进行解锁操作，并将各摇杆归位，出现一次解锁未成功，扣 5 分，如果出现带桨现象，每次扣 15 分		25		
	副翼舵操控	通过副翼舵调节多旋翼无人机左右位置，如果无人机出现多次左右摆动并且未及时恢复悬停状态，每次扣 10 分		25		
	升降舵操控	通过升降舵调节多旋翼无人机前后位置，如果无人机出现多次前后摆动并且未及时恢复悬停状态，每次扣 10 分		25		
	精准降落	无人机缓缓下降直至触地，迅速将油门收至最小位置，并用遥控器上锁，如果出现粗猛着陆，扣 15 分，如果出现着陆时未将油门杆收到最小或未上锁，扣 10 分		25		
合计总分：				100		

3) 多旋翼无人机方向控制训练

多旋翼无人机方向控制训练需要选取起降点为参照物，飞行范围在规定尺寸的圆形区域内，如图 5-19 所示。

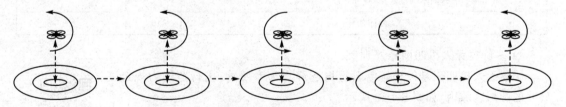

图 5-19　多旋翼无人机左转向训练

多旋翼无人机方向控制训练步骤如下：

① 起飞操作完成后，从视线斜上方观察无人机距离起降点高度是否合适，高度合适后保持无人机对尾悬停。

② 操控航向摇杆左偏移一定量,使无人机在一定范围内向左水平匀速旋转,并且使无人机左侧面正对操控者,完成后操控无人机进入悬停状态,执行水平定高悬停,并保持飞行稳定。

③ 操控航向摇杆左偏移一定量,使无人机在一定范围内向左或向右水平匀速旋转,并且使无人机机头正对操控者,完成后操控无人机进入悬停状态,保持飞行稳定,为下次转向运动做准备。

④ 操控航向摇杆左偏移一定量,使无人机在一定范围内向左水平匀速旋转,并且使无人机右侧面正对操控者,完成后操控无人机进入悬停状态,保持飞行稳定,准备转成对尾飞行姿态。

⑤ 将无人机转成对尾悬停状态,使副翼摇杆和升降摇杆相互配合,重复上述步骤,练习向右转向并执行降落操作。

多旋翼无人机方向控制训练任务单如表 5 - 12 所列。

表 5 - 12　多旋翼无人机方向控制训练任务单

多旋翼无人机方向控制训练任务单						
飞行训练时间	飞行场地	训练环境		使用机型		
4 课时	平坦开阔	风速:2 级以下		多旋翼无人机风火轮 F450		
评分标准	任务名称	评分要求		满　分	扣　分	得　分
	解锁起飞	对多旋翼无人机进行解锁操作,并将各摇杆归位,出现一次解锁未成功,扣 5 分,如果出现带杆现象,每次扣 15 分		20		
	操纵者与无人机左侧相对	操控多旋翼无人机使机体左侧正对操控者,若出现机体转向不连贯,每次停顿扣 5 分,若机体转向角度过大或过小、转向不到位则扣 10 分		20		
	操纵者与无人机机头相对	操控多旋翼无人机使机体机头正对操控者,若出现机体转向不连贯,每次停顿扣 5 分,若机头转向角度过大或过小、转向不到位则扣 10 分		20		
	操纵者与无人机右侧相对	操控多旋翼无人机使机体右侧正对操控者,若出现机体转向不连贯,每次停顿扣 5 分,若机头转向角度过大或过小、转向不到位则扣 10 分		20		
	操纵者与无人机机尾相对	操控多旋翼无人机使机体尾部正对操控者,若出现机体转向不连贯,每次停顿扣 5 分,若机头转向角度过大或过小、转向不到位则扣 10 分		20		
合计总分:				100		

4) 多旋翼无人机四面悬停训练

旋翼无人机四面悬停训练需要选取起降点为参照物,飞行范围为规定尺寸的圆形区域内,如图 5 - 20 所示。

多旋翼无人机四面悬停训练步骤如下:

对尾悬停:对尾悬停试舵量并体会无人机的反应,微小操控舵量,使无人机前后左右平移。

① 通过升降舵控制多旋翼无人机水平前后飞行,通过副翼舵控制多旋

多旋翼无人机四面悬停训练视频

翼无人机水平左右飞行,体会摇杆的移动距离和无人机实际位置、姿态改变之间的比例关系。

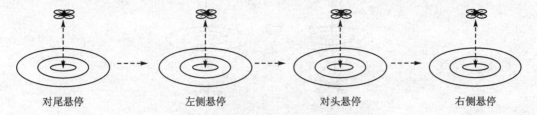

图 5 - 20　多旋翼无人机四面悬停训练

② 前后俯仰摇杆,体会杆的移动距离和无人机实际位置、姿态改变之间的比例关系,同时适应略微俯视的视角。逐渐减小打舵量和频率,用最少的操控次数使无人机悬停在目标点上。

左侧悬停:在小舵量操控无人机对尾悬停的基础上,加入方向舵,使多旋翼无人机机头逆时针旋转 90°。

体会旋转过程中无人机的移动和离心力对无人机产生的影响,使无人机旋转到左侧正对驾驶员的位置,然后停止旋转,把无人机停在目标上,尝试使用副翼舵和升降舵控制多旋翼无人机的移动姿态。

对头悬停:在左侧悬停基础上逆时针旋转 90°,形成机头正对操控者的姿态。

① 此时多旋翼无人机操控方式为油门杆和方向舵操控逻辑不变,升降舵和副翼舵会有所不同,前推升降舵使无人机朝向操控者飞行,后拉升降舵使无人机远离操控者飞行。打左副翼时无人机向右平移运动,打右副翼时无人机向左平移运动。

② 熟悉对头悬停的操控方式,争取用较短的时间将多旋翼无人机稳定在悬停点上。

右侧悬停:在对头悬停基础上逆时针旋转 90°,形成多旋翼无人机机身右侧正对操控者的姿态。

① 无人机飞行方向和左侧悬停时刚好相反,打右副翼使无人机朝向操控者飞行,打左副翼使无人机远离操控者飞行。推升降舵时无人机向右平移运动,后拉升降舵时无人机向左平移运动。

② 在压副翼舵过程中,一旦发现无人机向中心点有过多偏移的趋势时,要及时回舵,压舵要做到收放自如。

③ 最后转成对尾悬停,将副翼摇杆和升降摇杆相互配合,并执行降落操作。

多旋翼无人机四面悬停训练任务单如表 5 - 13 所列。

(3) 多旋翼无人机提升训练

多旋翼无人机提升训练场地需要根据使用训练机的型号尺寸进行飞行训练场地大小的设计,一定要保证飞行训练的安全性,每组训练尽量隔开,并且远离建筑物、人群等干扰源,尽量选择较少人群围观的半开放式场地,训练场地内必须设置警戒线和警示标牌,以警示围观人员。

1) 多旋翼无人机 360°匀速水平悬停训练

多旋翼无人机 360°匀速水平悬停训练是要求操控人员确认飞行环境允许,并且保证所有人员距离无人机有一个安全的距离。操控人员在飞行训练时尽量保证站在无人机尾正后方,保证多旋翼无人机机头方向与操纵人员站立方向一致,且在合适的距离进行操作无人机,如图 5 - 21 所示。

多旋翼无人机 360°匀速水平悬停训练视频

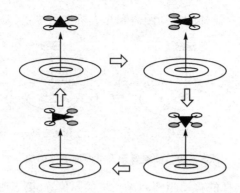

图 5 - 21　多旋翼无人机 360°匀速水平悬停训练

多旋翼无人机 360°匀速水平悬停训练步骤如下：

① 起飞操作完成后，从视线斜上方观察无人机距离起降点高度是否适合，高度合适后保持无人机对尾悬停。

② 保持当前高度，操控航向摇杆，使无人机在起降点正上方向左水平匀速持续旋转，将副翼摇杆和升降摇杆相互配合，使无人机不要偏离起降点正上方超过半个机架的距离，并且飞行速度不宜过快，旋转一周用时应大于 8 s。完成后使无人机进入对尾悬停状态。

表 5 - 13　多旋翼无人机四面悬停训练任务单

多旋翼无人机四面悬停训练任务单						
飞行训练时间	飞行场地	训练环境	使用机型			
4 课时	平坦开阔	风速:2 级以下	多旋翼无人机风火轮 F450			
	任务名称	评分要求		满　分	扣　分	得　分
评分标准	对尾悬停	使多旋翼无人机机体尾部正对操控者，并且以指定高度悬停在规定位置，如果出现机体飘摆且修正不及时，每次扣 10 分，扣完为止		25		
	左侧悬停	使多旋翼无人机机体左侧正对操控者，并且以指定高度悬停在规定位置，如果出现机体飘摆且修正不及时，每次扣 10 分，扣完为止		25		
	对头悬停	使多旋翼无人机机头正对操控者，并且以指定高度悬停在规定位置，如果出现机体飘摆且修正不及时，每次扣 10 分，扣完为止		25		
	右侧悬停	使多旋翼无人机机体右侧正对操控者，并且以指定高度悬停在规定位置，如果出现机体飘摆且修正不及时，每次扣 10 分，扣完为止		25		
合计总分:				100		

③ 保持当前高度，操控航向摇杆，使无人机在起降点正上方向右水平匀速持续旋转，将副翼摇杆和升降摇杆相互配合，使无人机不要偏离起降点正上方超过半个机架的距离，并且飞行速度不宜过快，旋转一周用时应大于 8 s。完成后使无人机进入对尾悬停状态。

④ 将副翼摇杆和升降摇杆相互配合，并执行降落操作。

多旋翼无人机 360°匀速水平悬停训练任务单如表 5 - 14 所列。

表 5 - 14 多旋翼无人机 360°匀速水平悬停训练任务单

多旋翼无人机 360°匀速水平悬停训练任务单						
飞行训练时间	飞行场地	训练环境	使用机型			
4 课时	平坦开阔	风速:3 级以下	多旋翼无人机提升机型:筋斗云 S1000＋			
	任务名称	评分要求		满 分	扣 分	得 分
评分标准	起飞悬停	操控多旋翼无人机解锁起飞,并将各摇杆归位,如果出现一次解锁未成功,每次扣 5 分,如果出现有带杆现象,每次扣 10 分		10		
	逆时针 360°悬停	操控多旋翼无人机在指定位置进行逆时针 360°悬停,如果出现转速过快或过慢以及中间停顿,每次扣 10 分,如果转出规定位置或高度不定,每次扣 20 分		40		
	顺时针 360°悬停	操控多旋翼无人机在指定位置进行顺时针 360°悬停,如果出现转速过快或过慢以及中间停顿,每次扣 10 分,如果转出规定位置或高度不定,每次扣 20 分		40		
	指定位置降落	操控多旋翼无人机缓缓下降直至触地,迅速将油门收至最小位置,并用遥控器上锁,如果出现粗猛着陆则扣 10 分,如果出现着陆后未将油门杆收到最小或未上锁则扣 5 分		10		
合计总分:				100		

2)多旋翼无人机匀速矩形航线训练

旋翼无人机匀速矩形航线训练是指操控无人机沿矩形航线飞行,要求无人机在起降点正上方旋转 90°并且机头始终朝向下一个起降点,飞行完成后飞回起降点,如图 5 - 22 所示。

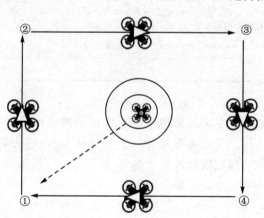

图 5 - 22 多旋翼无人机匀速矩形航线训练

多旋翼无人机匀速矩形航线训练步骤如下:

① 起飞操作完成后,将无人机飞至航线第一点并保持无人机对尾悬停。

② 保持当前高度,操控升降摇杆,使无人机沿直线向前飞,同时副翼舵配合控制无人机左右位置,操控无人机飞至航线第二点上空悬停并将机头顺时针旋转 90°,继续执行沿航线飞行操作。

③ 将无人机飞至航线第三点后继续执行上述操作,飞至航线第四点后再飞往航线第一点,顺时针矩形航线完成。将无人机飞至航线第四点,准备矩形航线逆时针飞行训练。

④ 保持当前高度,操控升降摇杆,使无人机沿直线向前飞,同时副翼舵配合控制无人机左右位置,无人机从航线第四点开始,飞至航线第三点上空悬停并将机头逆时针旋转90°,继续执行沿航线飞行操作,重复上述步骤,直至无人机飞回航线第四点。

⑤ 将副翼摇杆和升降摇杆相互配合,并执行降落操作。

多旋翼无人机匀速矩形航线训练任务单如表5-15所列。

表5-15 多旋翼无人机匀速矩形航线训练任务单

多旋翼无人机匀速矩形航线训练任务单						
飞行训练时间	飞行场地	训练环境	使用机型			
4课时	矩形航线	风速:3级以下	多旋翼无人机提升机型:筋斗云S1000+			
评分标准	任务名称	评分要求		满 分	扣 分	得 分
	起飞悬停	操控多旋翼无人机解锁起飞,并将各摇杆归位,如果出现一次解锁未成功,每次扣5分,如果出现有带杆现象,每次扣10分		10		
	顺时针航线	操控多旋翼无人机按要求沿矩形航线飞行,每过一个航点机头顺时针旋转90°,如果出现偏离航线飞行,每偏离一次扣5分,到点未稳住无人机或转向不合理,每次扣5分,每条航线未达到匀速等高飞行要求,每次扣5分		40		
	逆时针航线	操控多旋翼无人机按要求沿矩形航线飞行,每过一个航点机头逆时针旋转90°,如果出现偏离航线飞行,每偏离一次扣5分,到点未稳住无人机或转向不合理,每次扣5分,每条航线未达到匀速等高飞行要求,每次扣5分		40		
	准确降落	操控多旋翼无人机缓缓下降直至触地,迅速将油门收至最小位置,并用遥控器上锁,如果出现粗猛着陆则扣10分,如果出现着陆后未将油门杆收到最小或未上锁则扣5分		10		
合计总分:				100		

3) 多旋翼无人机匀速水平8字训练

多旋翼无人机匀速水平8字训练是指操控无人机沿两个同等大小、横向相切的圆形航线匀速飞行。要求高度保持一致且匀速飞行,机头始终与航线保持一致且机身不能偏离航线超过半个机身,如图5-23所示。

多旋翼无人机匀速水平8字训练步骤如下:

① 起飞操作完成后,将无人机飞至航线第一点并保持无人机对尾悬停。

多旋翼无人机匀速水平8字训练视频

② 保持当前高度,操控升降摇杆且微左打航向舵,同时副翼舵配合控制位置,使无人机执行边前飞边左转的动作,保证无人机始终沿圆弧形航线匀速飞行,在到达第二点上空时,机身左侧应朝向操纵者,继续推升降摇杆同时左打航向舵,同时副翼舵配合控制位置,使无人机继续执行边前飞边左转的动作,保证无人机始终沿圆弧形航线匀速飞行,在到达第三点上空时,机头应朝向操纵者,同样步骤飞至第四点时机身右侧应朝向操纵者,同样操作飞回第一点。

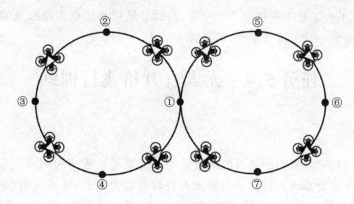

图 5 - 23　多旋翼无人机匀速水平 8 字训练

③继续保持当前高度,操控升降摇杆且微右打航向舵,同时副翼舵配合控制位置,使无人机执行边前飞边右转的动作,保证无人机始终沿圆弧形航线匀速飞行,在到达第五点上空时,机身右侧应朝向操纵者,继续推升降摇杆同时右打航向舵,同时副翼舵配合控制位置,使无人机继续执行边前飞边右转的动作,保证无人机始终沿圆弧形航线匀速飞行,在到达第六点上空时,机头应朝向操纵者,同样步骤飞至第七点时机身左侧应朝向操纵者,同样操作飞回第一点。完成匀速水平 8 字训练。

④ 将副翼摇杆和升降摇杆相互配合,并执行降落操作。

多旋翼无人机匀速水平 8 字训练任务单如表 5 - 16 所列。

表 5 - 16　多旋翼无人机匀速水平 8 字训练任务单

多旋翼无人机匀速水平 8 字训练任务单						
飞行训练时间	飞行场地	训练环境	使用机型			
8 课时	8 字航线	风速:3 级以下	多旋翼无人机筋斗云 S1000+			
	任务名称	评分要求		满　分	扣　分	得　分
评分标准	起飞悬停	操控多旋翼无人机解锁起飞,并将各摇杆归位,如果出现一次解锁未成功,每次扣 5 分,如果出现有带杆现象,每次扣 10 分		10		
	左圈航线	操控多旋翼无人机沿圈定高匀速飞行,使机头方向始终与航线方向一致,向左打方向舵并向前飞行,如果出现航向与航线不一致时,每次扣 5 分,飞出航线每次扣 5 分,飞行速度未达到匀速或定高飞行,每出现一次扣 5 分		40		
	右圈航线	操控多旋翼无人机沿圈定高匀速飞行,使机头方向始终与航线方向一致,向右打方向舵并向前飞行,如果出现航向与航线不一致时,每次扣 5 分,飞出航线每次扣 5 分,飞行速度未达到匀速或定高飞行,每出现一次扣 5 分		40		
	准确降落	操控多旋翼无人机缓缓下降直至触地,迅速将油门收至最小位置,并用遥控器上锁,如果出现粗猛着陆则扣 10 分,如果出现着陆后油门杆未收到最小或未上锁则扣 5 分		10		
合计总分:				100		

注意:标准水平 8 字航线左右圈半径一致,两圆形航线相切点为操控员的正前方,整个航线飞行中应保持高度、速度、转弯半径、转弯坡度一致。

任务5.4　无人直升机飞行训练

一、任务导入

无人直升机飞行训练采用的是目前最常见的单旋翼带尾桨结构的无人直升机,所以通常把无人直升机称作单旋翼无人机。单旋翼无人机具有动力强劲、机动灵活、载重量大、结构紧凑等特点,但与多旋翼无人机相比会有机械结构复杂、维护成本高、操控难度大等问题。由于单旋翼无人机操控难度较大,飞行训练的危险程度较高,所以要在具备足够扎实的模拟飞行基本功的基础上再去尝试实际飞行训练,下面就来学习一下关于无人直升机的操控技术吧。

二、任务分析

1. 任务要求

① 掌握无人直升机的基础飞行训练技巧和提升飞行训练技巧。

② 结合无人直升机飞行原理的理论知识,加深对固定翼无人机飞行原理的理解。

③ 掌握无人直升机飞行前检查的基本流程和降落后的故障排查等工作。

2. 实施方法

(1) 理论教学

组织形式:以班级为单位进行集中实训教学。

教学方法:通过讲述方式使学生掌握飞行训练要点,并使用多媒体结合无人机模拟器,进行飞行训练过程的演示与注意事项的讲解,学生理解操控飞行要点后,在无人机模拟器上尝试实践操作。

(2) 实训教学

组织形式:学生分为若干小组,每组 4～6 人进行分组实训。

教学方法:在室外飞行场地,由教师进行飞行演示后,各小组依次尝试飞行,学生轮流动手操作。

三、任务实施

第一部分:知识准备

引导问题 1:无人直升机飞行训练用机的结构组成及尺寸要求?

对于无人直升机飞行训练,推荐采用的是常规式单旋翼带尾桨结构的无人直升机,这种结构也是目前市场上主流的无人直升机结构类型。单旋翼带尾桨机体结构主要包括主旋翼、尾桨、起落架、尾撑管、减速齿轮组、传动装置等结构。无人直升机主要系统有飞控系统、通信系统、导航系统、操纵系统以及动力系统等。

无人直升机飞行训练分为基础训练和提升训练,根据不同的训练可以使用不同的机型。基础训练可以选用主旋翼尺寸为 470～760 mm 的机型,提升训练可以选用主旋翼尺寸为 830～900 mm 的机型。

引导问题 2：无人直升机飞行训练方式有哪些?

无人直升机飞行训练分为两个阶段：基础训练阶段和提升训练阶段。基础训练阶段主要包括无人直升机起飞降落训练、无人直升机方向控制训练、无人直升机四面悬停训练、无人直升机定高水平飞行训练。提升训练阶段主要包括无人直升机 360°匀速水平悬停训练、无人直升机匀速矩形航线训练、无人直升机匀速水平 8 字训练。

第二部分：实训操作

（1）作业准备

① 无人直升机飞行使用设备及工具：已经组装调试完成的无人直升机、遥控器 2 个、教练线 1 根、符合规格的电池、电池保温箱、充电器、测电器。

② 无人直升机飞行维护工具：应急备用配件、内六角螺丝刀、尖嘴钳、球头钳、L 型扳手、螺丝胶、固体胶、3M 胶、扎带。

（2）无人直升机基础训练

无人直升机基础训练场地需要保证每架训练机有 10 m² 的大小，每组训练尽量隔开，并且远离建筑物、人群等干扰源，尽量选择较少人群围观的半开放式场地，训练场地内必须设置警戒线和警示标牌，以警示围观人员。

1）无人直升机起飞降落训练

无人直升机起飞降落训练首先要求操控人员确认飞行环境是否允许，保证所有人员距离无人机有一个安全的距离，操控人员在飞行训练时尽量保证站在无人机机尾正后方，使无人直升机机头方向与操纵人员站立方向一致，并且在合适的距离操作无人机，如图 5－24 所示。

无人直升机
起飞降落
训练视频

无人直升机起飞降落训练步骤如下：

① 将无人直升机放置指定起飞位置并接通电源，操控者回到安全区域，通过操控遥控器解锁无人直升机，听到提示音或者电机开始启动，表示解锁成功，并将各摇杆归位。

② 将油门杆从正下方位置缓缓上推，当主旋翼转速提升时停止推油门杆，待主旋翼转速达到恒定速度时，再继续推油门，等到尾旋翼转速可以抵消反扭矩时，则可以继续缓慢上推油门杆，当无人直升机离开地面时，左手稳定无人直升机各方向姿态，使其进入水平稳定状态。

③ 当无人直升机达到与自己视线持平的高度时，稍减小油门，使无人直升机进入悬停状态，右手操控升降舵和副翼舵控制无人直升机水平方向上的前后左右位置，即起飞训练完成。

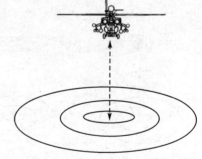

图 5－24　无人直升机起飞降落训练

④ 将无人直升机悬停至起降点正上方，并使其进入悬停状态，缓慢收小油门，当无人直升机进入缓慢下降状态时，应立即停止减小油门杆，此时无人直升机缓缓下降。

⑤ 当无人直升机距离地面为主旋翼一半的高度时，由于地面效应的出现，故升力会有所增大，使无人直升机停止下降，此时需要操控者调整无人直升机航向和姿态位置，再次矫正无

人直升机待降地点。

⑥ 最后稍减小油门,使无人直升机继续下降直至触地,当脚架触地瞬间,迅速将油门收至最小位置。待螺旋桨停转后,进行上锁操作,即无人直升机降落训练完成。

无人直升机起飞降落训练任务单如表 5 - 17 所列。

表 5 - 17　无人直升机起飞降落训练任务单

无人直升机起飞降落训练任务单						
飞行训练时间	飞行场地	训练环境	使用机型			
8 课时	平坦开阔	风速:3 级以下	无人直升机 TREX550			
评分标准	任务名称	评分要求		满　分	扣　分	得　分
	解锁起飞	操控无人直升机完成解锁操作后,缓推油门达到怠速状态,待到尾旋翼转速达到要求,继续推油门,无人直升机开始爬升,如果无法一次解锁成功,每尝试一次扣 5 分,如果在怠速阶段出现机头偏转,每出现一次扣 10 分,如果起飞后无人直升机爬升过快则扣 10 分		40		
	保持悬停	待无人直升机达到与自己视线持平的高度,稍减小油门,使无人直升机进入悬停状态,起飞训练完成		20		
	降落过程	操控无人直升机进入缓慢下降状态,停止减小油门杆,如果机体降低高度过快则扣 10 分,如果机体飘摆过大,每出现一次扣 5 分		20		
	触地降落	无人直升机触地,迅速将油门收至最小位置,并用遥控器上锁,如果出现粗猛着陆则扣 10 分,如果出现着陆后油门杆未收到最小或未上锁则扣 5 分		20		
合计总分:				100		

2) 无人直升机方向控制与四面悬停训练

无人直升机方向控制训练需要选取起降点为参照物,飞行范围在规定尺寸的圆形区域内,如图 5 - 25 所示。

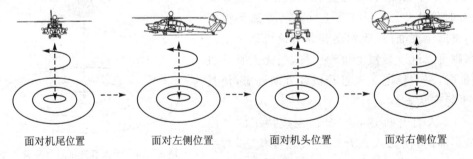

面对机尾位置　　　面对左侧位置　　　面对机头位置　　　面对右侧位置

图 5 - 25　无人直升机左转向训练

无人直升机方向控制训练步骤如下:

① 完成无人直升机起飞操作后,操控无人直升机在指定位置悬停,飞行高度与操控者视线水平位置相同即可,操控升降舵和副翼舵控制机体水平方向的位置,保持无人直升机对尾悬停。

② 将无人直升机遥控器的航向摇杆向左偏移一定角度,操控无人直升机机头向左水平匀速旋转,使无人直升机左侧面正对操控者,通过副翼舵与升降舵配合控制,使无人机进入悬停状态。

③ 将无人直升机遥控器的航向摇杆向左偏移一定角度,操控无人直升机机头向左水平匀速旋转,使无人直升机机头正对操控者,通过副翼舵与升降舵配合控制,使无人直升机进入悬停状态。

④ 将无人直升机遥控器的航向摇杆向左偏移一定角度,操控无人直升机机头向左水平匀速旋转,使无人直升机右侧面正对操控者,通过副翼舵与升降舵配合控制,使无人直升机进入悬停状态。

⑤ 最后将无人直升机转成对尾悬停状态,通过副翼摇杆和升降摇杆相互配合,即完成无人直升机的转向悬停训练,向右转向悬停训练与上述步骤相似,将方向舵向右偏转,使机头每次右转90°即可,完成转向悬停训练后执行降落操作。

无人直升机方向控制与四面悬停训练任务单如表5－18所列。

表5－18 无人直升机方向控制与四面悬停训练任务单

无人直升机方向控制与四面悬停训练任务单						
飞行训练时间	飞行场地	训练环境	使用机型			
8课时	平坦开阔	风速:3级以下	无人直升机 TREX550			
评分标准	任务名称	评分要求		满 分	扣 分	得 分
	解锁起飞	完成无人直升机解锁操作后,缓推油门达到怠速状态,待尾旋翼转速达到要求,继续推油门,无人直升机开始爬升,如果无法一次解锁成功,每尝试一次扣5分,如果在怠速阶段出现机头偏转,每出现一次扣10分,如果起飞后无人直升机爬升过快则扣10分		10		
	操纵者与无人机左侧相对并悬停	操控无人直升机向左转90°,使机体左侧朝向操控者,并进行左侧悬停,如果无人直升机转向出现停顿或过快转向,每出现一次扣10分,如果转向过程中飞出规定区域或左侧转到正对操控者,每出现一次扣10分,如果悬停过程中出现多次飘摆未及时修正,每出现一次扣5分		20		
	操纵者与无人机机头相对并悬停	操控无人直升机向左转90°,使机体机头朝向操控者,并进行对头悬停,如果无人直升机转向出现停顿或过快转向,每出现一次扣10分,如果转向过程中飞出规定区域或机头转到正对操控者,每出现一次扣10分,如果悬停过程中出现多次飘摆未及时修正,每出现一次扣5分		20		
	操纵者与无人机右侧相对并悬停	操控无人直升机向左转90°,使机体右侧朝向操控者,并进行右侧悬停,如果无人直升机转向,出现停顿或过快转向,每出现一次扣10分,如果转向过程中飞出规定区域或右侧转到正对操控者,每出现一次扣10分,如果悬停过程中出现多次飘摆未及时修正,每出现一次扣5分		20		
	操纵者与无人机机尾相对并悬停	操控无人直升机向左转90°,使机体机尾朝向操控者,并进行对尾悬停,如果无人直升机转向,出现停顿或过快转向,每出现一次扣10分,如果转向过程中飞出规定区域或机尾转到正对操控者,每出现一次扣10分,如果悬停过程中出现多次飘摆未及时修正,每出现一次扣5分		20		
	触地降落	操控无人直升机缓缓降落直至触地,迅速将油门收至最小位置,并用遥控器上锁,如果出现粗猛着陆则扣10分,如果出现着陆后油门杆未收到最小或未上锁则扣5分		10		
合计总分:				100		

（3）无人直升机提升训练

无人直升机基本训练场地需要保证每架训练机有 20 m² 的大小，且每组训练尽量隔开，远离建筑物、人群等干扰源，尽量选择较少人群围观的半开放式场地，训练场地内必须设置警戒线和警示标牌，以警示围观人员。

1）无人直升机 360°匀速水平悬停训练

无人直升机 360°匀速水平悬停训练要求操控人员确认飞行环境是否安全，并且保证所有人员距离无人机有一个安全的距离，建议 5 m 以上。操控人员在飞行训练时尽量保证站在无人机机尾正后方，保证无人直升机机头方向与操纵人员站立方向一致，且在合适的距离进行操作无人机，如图 5 - 26 所示。

无人直升机 360°匀速水平悬停训练视频

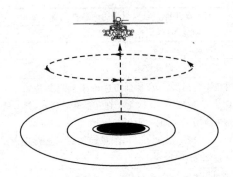

图 5 - 26　无人直升机 360°匀速水平悬停训练

无人直升机 360°匀速水平悬停训练步骤如下：

① 无人直升机起飞操作完成后，操控无人直升机飞至与操控者视线平行的高度，并保持无人机对尾悬停。

② 操控无人直升机顺时针 360°悬停，保持当前高度，操控航向摇杆，使无人直升机持续匀速水平向右转，速度不宜过快，旋转一周用时应大于 8 s。由于无人直升机受到自然环境的影响，故会偏离出指定的悬停位置，这时将副翼摇杆和升降摇杆相互配合，不停地对无人直升机进行水平位置修正，使无人直升机始终保持在指定圆圈内正上方，最大偏离位置不超过半个机身的长度，最后操控无人直升机进入对尾悬停状态。

③ 操控无人直升机逆时针 360°悬停，保持当前高度，操控航向摇杆，使无人直升机持续匀速水平向左转，速度不宜过快，旋转一周用时应大于 8 s。由于无人直升机会受到自然环境的影响，故会偏离出指定的悬停位置，这时将副翼摇杆和升降摇杆相互配合，不停地对无人直升机进行水平位置修正，使无人直升机始终保持在指定圆圈内正上方，最大偏离位置不超过半个机身的长度，最后操控无人直升机进入对尾悬停状态。

④ 将副翼摇杆和升降摇杆相互配合，并执行降落操作。

无人直升机 360°匀速水平悬停训练任务单如表 5 - 19 所列。

2）无人直升机匀速矩形航线训练

无人直升机匀速矩形航线训练是指操控无人机沿矩形航线飞行，要求无人机在起降点正上方旋转 90°方向并且机头始终朝向下一个起降点，飞行完成后飞回至起降点，如图 5 - 27 所示。

表 5 - 19　无人直升机 360°匀速水平悬停训练任务单

无人直升机 360°匀速水平悬停训练任务单						
飞行训练时间	飞行场地	训练环境		使用机型		
8 课时	平坦开阔	风速:3 级以下		无人直升机 TREX800		
评分标准	任务名称	评分要求		满　分	扣　分	得　分
	解锁起飞	完成无人直升机解锁操作后,缓推油门达到怠速状态,待到尾旋翼转速达到要求,继续推油门,无人直升机开始爬升,如果无法一次解锁成功,每尝试一次扣 5 分,如果在怠速阶段出现机头偏转,每出现一次扣 10 分,如果起飞后直升机爬升过快则扣 10 分		10		
	顺时针定点 360°悬停	如果机身连续旋转过程中,每次停顿扣 5 分,扣完为止,如果机体飞出指定区域内,并未及时修正,每次扣 5 分扣完为止,如果 360°悬停时间过快或过慢,本项不得分		40		
	逆时针定点 360°悬停	如果机身连续旋转过程中,每次停顿扣 5 分,扣完为止,如果机体飞出指定区域内,并未及时修正,每次扣 5 分扣完为止,如果 360°悬停时间过快或过慢,本项不得分		40		
	触地降落	操控无人直升机缓缓降落直至触地,迅速将油门收至最小位置,并用遥控器上锁,如果出现粗猛着陆则扣 10 分,如果出现着陆后油门杆未收到最小或未上锁则扣 5 分		10		
合计总分:				100		

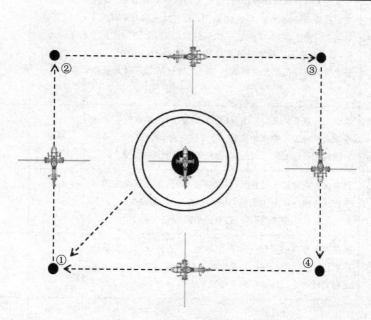

图 5 - 27　无人直升机匀速矩形航线训练

无人直升机匀速矩形航线训练步骤如下：

① 无人直升机完成起飞操作后，操控无人直升机从起飞点飞至航线第①点，并保持无人直升机对尾悬停。

② 顺时针矩形航线飞行训练：操控无人直升机保持当前高度，沿矩形航线开始飞行，通过前推升降摇杆，使无人直升机沿直线向前飞，同时将副翼舵配合控制无人直升机左右位置，飞至航线第②点上空悬停，并将机头沿顺时针旋转90°，继续沿航线向前飞行。飞至航线第③点后继续执行上述操作，飞至航线第④点后再飞往航线第①点；即完成顺时针矩形航线飞行。

③ 逆时针矩形航线飞行训练：操控无人机飞至航线第④点，保持当前高度，操控升降摇杆，使无人直升机沿直线向前飞，同时将副翼舵配合控制无人机左右位置，操控无人直升机从航线第④点飞至航线第③点上空悬停，并将机头沿逆针旋转90°，继续沿航线飞行操控，重复上述步骤，直至无人机飞回航线第④点，即完成逆时针矩形航线飞行。

④ 将副翼摇杆和升降摇杆相互配合，并执行降落操作。

无人直升机匀速矩形航线训练任务单如表5-20所列。

表5-20 无人直升机匀速矩形航线训练任务单

无人直升机匀速矩形航线训练任务单						
飞行训练时间	飞行场地	训练环境	使用机型			
8课时	矩形航线	风速:3级以下	无人直升机 TREX800			
评分标准	任务名称	评分要求		满 分	扣 分	得 分
	起飞后飞行至第1点	完成无人直升机解锁操作后，缓推油门达到怠速状态，待到尾旋翼转速达到要求，继续推油门，无人直升机开始爬升，对尾飞至第①点，如果无法一次解锁成功，每尝试一次扣5分，如果在怠速阶段出现机头偏转，每出现一次扣10分，如果起飞后直升机爬升过快则扣10分，到达第①点后未悬停住则扣5分		10		
	顺时针矩形航线	如果无人直升机飞出航线，每次扣5分，到达航点位置未悬停住或转向过程中飞出航点，每次扣5分，扣完为止，如果沿航线飞行速度未达到匀速，每条航线或航点扣2分		40		
	逆时针矩形航线	如果无人直升机飞出航线，每次扣5分，到达航点位置未悬停住或转向过程中飞出航点，每次扣5分，扣完为止，如果沿航线飞行速度未达到匀速，每条航线或航点扣2分		40		
	触地降落	操控无人直升机缓缓降落直至触地，迅速将油门收至最小位置，并用遥控器上锁，如果出现粗猛着陆则扣10分，如果出现着陆后油门杆未收到最小或未上锁则扣5分		10		
合计总分:				100		

3）无人直升机匀速水平8字训练

无人直升机匀速水平8字训练是将无人机沿两个同等大小横向相切的圆形航线匀速飞行

的训练。要求高度保持一定且匀速飞行,机头始终与航线保持一致且机身不能偏离航线超过半个机身,如图 5-28 所示。

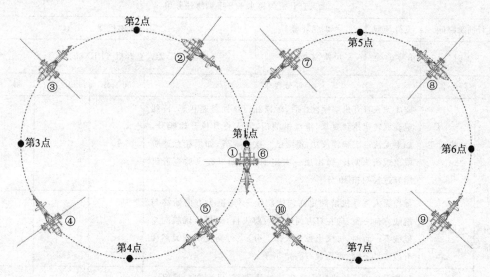

图 5-28 无人直升机匀速水平 8 字训练

无人直升机匀速水平 8 字训练步骤如下:

① 执行完成起飞操作后,操控无人直升机飞至航线第 1 点并保持无人直升机对尾悬停。

② 无人直升机水平 8 字左圈圆形航线飞行训练:操控无人直升机保持当前高度,前推升降摇杆且配合向左打航向舵,使无人直升机边向左转向边前飞,同时副翼舵配合控制机体水平左右位置,保证无人机始终沿圆弧形航线匀速飞行,在到达第 2 点上空时,机身左侧朝向操纵者,此时可验证前飞速度和左转速度是否配合得当。然后继续推升降摇杆同时左打航向舵,同时副翼舵配合控制位置,使无人机继续边前飞边左转,保证无人机始终沿圆弧形航线匀速飞行,在到达第 3 点上空时,此时机头朝向正后方,每经过一点即可验证前飞速度与转向速度是否匹配,同样步骤飞至第 4 点时机身右侧朝向操纵者,最后同样操作飞回第 1 点,即完成水平 8 字左圈圆形航线飞行。

③ 无人直升机水平 8 字右圈圆形航线飞行训练:操控无人直升机保持当前高度,前推升降摇杆且配合向右打航向舵,使无人直升机边向右转向边前飞,同时副翼舵配合机体水平左右位置,保证无人机始终沿圆弧形航线匀速飞行,在到达第 5 点上空时,机身右侧朝向操纵者,此时可验证前飞速度和右转速度是否配合得当。然后继续推升降摇杆同时左打航向舵,同时副翼舵配合控制位置,使无人机继续边前飞边左转,保证无人机始终沿圆弧形航线匀速飞行,在到达第 6 点上空时,此时机头朝向正后方,每经过一点即可验证前飞速度与转向速度是否匹配,同样步骤飞至第 7 点时机身左侧朝向操纵者,最后同样操作飞回第 1 点,即完成水平 8 字右圈圆形航线飞行。

④ 将副翼舵和升降摇杆相互配合,并执行降落操作。

无人直升机匀速水平 8 字训练任务单如表 5-21 所列。

表 5-21 无人直升机匀速水平 8 字训练任务单

无人直升机匀速水平 8 字训练任务单						
飞行训练时间	飞行场地	训练环境	使用机型			
8 课时	8 字航线	风速:3 级以下	无人直升机 TREX800			
	任务名称	评分要求		满 分	扣 分	得 分
评分标准	完成起飞	完成无人直升机解锁操作后,缓推油门达到怠速状态,待到尾旋翼转速达到要求,继续推油门,无人直升机开始爬升,如果无法一次解锁成功,每尝试一次扣 5 分,如果在怠速阶段出现机头偏转,每出现一次扣 10 分,如果起飞后直升机爬升过快则扣 10 分		10		
	左圈航线	操控无人直升机沿圈定高匀速航线飞行,机头方向始终与航线方向一致,向左打方向舵并向前飞行,如果出现航向与航线不一致时,每飞出去一次扣 5 分,飞行高度出现突然爬升或突然下降,每出现一次扣 5 分		40		
	右圈航线	操控无人直升机沿圈定高匀速航线飞行,机头方向始终与航线方向一致,向右打方向舵并向前飞行,如果出现航向与航线不一致时,每飞出去一次扣 5 分,飞行高度出现突然爬升或突然下降,每出现一次扣 5 分		40		
	触地降落	操控无人直升机缓缓降落直至触地,迅速将油门收至最小位置,并用遥控器上锁,如果出现粗猛着陆则扣 10 分,如果出现着陆后油门杆未收至最小或未上锁则扣 5 分		10		
合计总分:				100		

项目核验

<table>
<tr><td colspan="8" align="center">项目核验单</td></tr>
<tr><td>班 级</td><td></td><td>姓 名</td><td></td><td>学 号</td><td></td><td>日 期</td><td></td></tr>
<tr><td colspan="8">
一、相关知识

  1. 以美国手式遥控器为例,简述遥控器各通道控制固定翼无人机的飞行运动状态的方法。

  2. 以美国手式遥控器为例,简述遥控器各通道控制多旋翼无人机的飞行运动状态。

二、操作内容

  1. 固定翼无人机飞行训练操作考核内容:学生使用教学训练用机按照要求完成起飞航线、四边矩形航线、降落航线,并按照要求规范完成每个动作。

  2. 多旋翼无人机飞行训练操作考核内容:学生使用教学训练用机按照要求完成水平360°悬停和水平8字航线,并按照要求规范完成每个动作。

  3. 无人直升机飞行训练操作考核内容:学生使用教学训练用机按照要求完成水平360°悬停和水平8字航线,并按照要求规范完成每个动作。

三、评价反馈

  1. 自我评价

  2. 学生建议

</td></tr>
<tr><td colspan="2" align="center">成绩评定</td><td colspan="2"></td><td colspan="2" align="center">教 师</td><td colspan="2"></td></tr>
</table>

项目6 无人机地面控制站操控

【项目描述】

本项目主要围绕"无人机地面控制站"展开学习,无人机地面控制站是无人机系统的重要组成部分,是无人机超视距飞行的主要控制设备,主要用于无人机飞行的控制及管理、无人机平台飞行状况的监视、无人机的遥控操作等。本项目主要介绍了无人机地面控制站设备组成、无人机任务规划、无人机地面控制站操作流程。

【项目要求】

① 掌握无人机地面控制站的功能。
② 了解无人机的特点及分类。
③ 能够讨论目前主流无人机的应用案例。
④ 了解无人机地面控制站的关键技术与发展趋势。
⑤ 掌握无人机地面控制站的设备组成。
⑥ 理解无人机任务规划的主要内容。
⑦ 熟练掌握两种及以上的无人机地面控制站操控流程

任务6.1 无人机地面控制站设备组成

一、任务导入

无论是消费级无人机、工业级无人机,还是军用级无人机,都必须要在控制回路设置一个飞行控制设备,也就是无人机地面控制站(GCS：Ground Control Station)。随着技术的发展,更多的硬件被加入无人机系统,使无人机具备自动执行飞行任务和切换飞行模式等能力,于是地面控制站的功能逐步强大,已具备系统调试、参数调试、硬件校正、飞行数据在线处理、飞行模式切换等功能。

无人机地面
控制站系统
的设备组成

二、任务分析

1. 任务要求

① 掌握无人机地面控制站系统主要功能。
② 掌握无人机地面控制站系统的组成及作用。
③ 掌握无人机地面控制站操控流程。

三、任务实施

第一部分：知识准备

引导问题1：无人机地面控制站主要系统功能有哪些？

无人机地面控制站的主要功能是指挥控制与任务规划。无人机地面控制站也称为控制站、遥控站或任务规划与控制站。在规模较大的无人机系统中，可以有若干个控制站，这些不同功能的控制站通过通信设备连接起来，构成无人机地面控制站系统。

无人机地面控制站系统的功能通常包括指挥调度、任务规划、操作控制、显示记录等功能。指挥调度功能主要包括上级指令接收、系统之间联络、系统内部调度；任务规划功能主要包括飞行航路规划与重规划、任务载荷工作规划与重规划；操作控制功能主要包括起降操纵、飞行控制操作、任务载荷操作、数据链控制；显示记录功能主要包括飞行状态参数显示与记录、航迹显示与记录、任务载荷信息显示与记录等，工作过程如图6-1所示。

图6-1 无人机地面控制站系统

引导问题2：无人机地面控制站系统由什么组成？

无人机地面控制站系统可以由不同功能的若干控制站模块组成，标准的无人机地面控制站通常由指挥处理中心、无人机控制站、载荷控制站、载荷数据处理、显示系统等硬件设备机柜构成，各硬件机柜的主要功能如下：

指挥处理中心：指挥处理中心主要是制定无人机飞行任务、完成无人机载荷数据的处理和应用，指挥中心/数据处理中心一般都是通过无人机控制站等间接地实现对无人机的控制和数据接收。

无人机控制站：无人机控制站主要是由飞行操纵、任务载荷控制、数据链路控制和通信指挥等组成，可完成对无人机机载任务载荷等的操纵控制。一个无人机控制站可以指挥控制一架无人机，也可以同时控制多架无人机；一架无人机可以由一个控制站完成全部的指挥控制工作，也可以由多个控制站协同指挥控制同一架无人机。

载荷控制站：载荷控制站与无人机控制站的功能类似，但载荷控制站只能控制无人机的机载任务设备，不能进行无人机的飞行控制。

引导问题3：无人机地面控制站显示系统的组成及作用？

地面控制站内的飞行控制席位、任务设备控制席位、数据链管理席位都设有相应分系统的显示装置，因此需要综合规划以确定所显示的内容、方式、范围。主要的显示为飞行参数综合显示、警告信息显示、地图导航显示等。

飞行参数综合显示可根据飞行与任务需要,选择需要的系统信息予以显示,便于无人机驾驶员判读。主要包括:飞行与导航信息、数据链状态信息、设备状态信息、指令信息。

告警信息包括视觉告警和听觉告警。视觉告警主要包括灯光告警、颜色告警和文字告警等;听觉告警主要包括语音告警和音调告警等,按告警级别又可分为提示、注意和警告三个级别。

地图航迹显示可为无人机驾驶员提供无人机位置等导航信息。它包括了飞机的导航信息显示、航迹绘制显示以及地理信息显示。

引导问题 4:无人机地面控制站操控流程包含哪些内容?

无人机地面控制站操纵与控制流程主要包括起降操纵、飞行控制、任务设备(载荷)控制、数据链管理等。地面控制站内的飞行控制席位、任务设备控制席位、数据链路管理席位都应设有相应分系统的操作装置。

起降阶段是无人机操纵中最难的控制阶段,起降控制程序应简单、可靠、操纵灵活,操纵人员可直接通过操纵杆和按键快捷介入控制通道控制无人机起降。根据无人机不同的类别及起飞重量,其起飞降落的操纵方式也有所不同。对于滑跑起降的无人机,可采用自主控制、人工遥控或组合控制等模式进行起降控制,如图 6-2 所示。

飞行控制是指采用遥控方式对无人机在空中整个飞行过程的控制。无人机的种类不同、执行

图 6-2　无人机起降操控

任务的方式不同,决定了无人机有多种飞行操纵方式。遥控方式是通过数据链路对无人机实施的飞行控制操纵。一般包括舵面控制、姿态控制和指令控制三种方式。

任务设备控制是地面控制站任务操纵人员通过任务控制单元(任务控制柜),发送任务控制指令控制机载任务设备工作;同时地面控制站任务控制单元处理并显示机载任务设备工作状态,为任务操纵人员判读和使用。

数据链管理主要是对数据链设备进行监控,使其完成对无人机的测控与信息传输任务。机载数据链主要有 V/UHF 视距数据链、L 视距数据链、C 视距数据链、UHF 卫星中继数据链、Ku 卫星中继数据链。

任务 6.2　无人机任务规划

一、任务导入

无人机任务规划的主要目的是具有对复杂任务进行快速规划或重规划的能力,其中,快速而有效地重规划尤其重要。由于执行任务过程中外界条件可能发生突然的变化,故任务规划系统必须具有适应环境和自身状况对环境变化作出反应的能力。任务规划的本质是轨迹规划,因此轨迹优化方法是其早期的主要方法。但随着任务规划问题的复杂性以及对重规划快速性的要求不断增加,任务规划越来越向智能化方向发展。

二、任务分析

1. 任务要求

① 理解无人机任务规划的概念与目标。

② 了解无人机任务规划的主要功能、分类以及组成。

③ 理解无人机任务规划中的航迹规划和航线规划的区别。

④ 掌握 Mission Planner 地面控制站使用操作流程及功能。

2. 实施方法

（1）理论教学

组织形式：学生以班级为单位进行集中实训教学。

教学方法：通过演示与讲解方式使学生掌握地面控制站操控的使用流程，并使用多媒体结合地面控制站软件演示地面控制站使用要点与讲解注意事项，学生理解地面控制站使用基本方式后，在地面控制站软件上模拟绘制航线，直到完全掌握航线绘制流程后，再进行无人机实操飞行训练。

（2）实训教学

组织形式：学生分为若干小组，每组 4～6 人进行分组实训。

教学方法：在教室进行理论实操讲解，并进行基本的航线绘制练习。然后在室外飞行场地，由教师进行地面控制站操控演示，各小组依次进行地面控制站操控训练，教师及时指出学生出现的问题。

三、任务实施

第一部分：知识准备

引导问题 1：无人机任务规划的概念与目标？

无人机任务规划（Mission Planning）是指根据无人机需要完成的任务、无人机的数量以及携带任务载荷的类型，对无人机制定飞行路线并进行任务分配。

任务规划的主要目标是依据地形信息和执行任务的环境条件信息，综合考虑无人机的性能、到达时间、耗能、威胁以及飞行区域等约束条件，为无人机规划出一条或多条自出发点到目标点的最优或次优航迹，保证无人机高效、圆满地完成飞行任务，并安全返回基地，如图 6-3 所示。

图 6-3　无人机任务规划

引导问题 2：无人机任务规划的主要功能有哪些？

由于是无人驾驶，故无人机对任务规划的要求更为严格，需要更为详细的飞行航迹信息、作用目标以及任务执行信息。无人机任务规划是实现自主导航与飞行控制的有效途径，它在很大程度上决定了无人机执行任务的效率。无人机任务规划需要实现以下功能：

任务分配功能。充分考虑无人机自身性能和携带载荷的类型，可在多任务、多目标情况下协调无人机及其载荷资源之间的配合，以最短时间以及最小代价完成既定任务。

航迹规划功能。在无人机避开限制风险区域以及油耗最小的原则下，制定无人机的起飞、着陆、接近监测点与监测区域、离开监测点、返航以及应急飞行等任务过程的飞行航迹。

仿真演示功能。能够实现飞行仿真演示、环境威胁演示、监测效果演示。可在数字地图上添加飞行路线，仿真飞行过程，检验飞行高度、油耗等飞行指标的可行性；可在数字地图上标识飞行禁区，使无人机在执行任务过程中尽可能避开这些区域；可进行基于数字地图的合成图像计算，显示不同坐标与海拔位置上的地景图像，以便地面操作人员为执行任务选取最佳方案。

引导问题 3：任务规划的约束条件有哪些？

无人机任务规划约束条件需要考虑以下因素：飞行环境限制、无人机物理限制、飞行任务要求限制、实时性要求限制。

（1）飞行环境限制

无人机在执行任务时，会受到如禁飞区、障碍物、险恶地形等复杂地理环境的限制，因此在飞行过程中，应尽量避开这些区域，可将这些区域在地图上标识为禁飞区域，以提升无人机工作效率。此外，飞行区域内的气象因素也将影响任务效率，应充分考虑大风、雨雪等复杂气象下的气象预测与应对机制。

（2）无人机飞行性能参数限制

最小转弯半径：由于无人机飞行转弯形成的弧度受到自身飞行性能的限制，故无人机只能在特定的转弯半径范围内转弯。

最大俯仰角：限制了航迹在垂直平面内上升和下滑的最大角度。

最小航迹段长度：无人机的飞行航迹由若干个航点与相邻航点之间的航迹段组成，无人机在航迹段飞行途中沿直线飞行，而到达某些航点时有可能根据任务的要求而改变飞行姿态，最小航迹段长度是指无人机在改变飞行姿态前必须直飞的最短距离。

最低安全飞行高度：限制通过任务区域的最低飞行高度，防止飞行高度过低而撞击地面发生坠毁。

（3）飞行任务要求

无人机具体执行的飞行任务主要包括到达时间和进入目标方向等，需满足如下要求：航迹距离约束，即限制航迹长度不大于一个预先设定的最大距离；固定的目标进入方向，即确保无人机从特定角度接近目标。

（4）实时性要求

当预先具备完整精确的环境信息时，可一次性规划自起点到终点的最优航迹。而实际情况是难以保证获得的环境信息不发生变换；另一方面，由于任务的不确定性，故无人机常常需要临时改变飞行任务。在环境信息变化区域不大的情况下，可通过局部更新的方法进行航迹的在线重规划；而当环境变化区域较大时，无人机任务规划系统则必须具备在线重规划功能。

引导问题 4：任务规划的原则？

任务规划一般从接收任务开始，根据任务人工选择几个航迹点，对这些航迹点进行检验和调整，使之满足各种约束条件。通过选用优化准则（如最短路径分析）由计算机辅助生成飞行航线。用检验准则检验航线上的每个点，若全部通过，则找到了一条可用的航线。

引导问题 5：无人机任务规划的分类有哪些？

从实施时间上划分，任务规划可以分为预先规划和实时规划。就任务规划系统具备的功能而言，任务规划包含航迹规划、任务分配规划、数据链路规划、系统保障与应急预案规划等，其中航迹规划是任务规划的主体和核心。

预先规划是指无人机在执行任务前，由地面控制站根据综合任务要求、地理环境以及无人机任务载荷等因素制定的规划，其特点是约束和飞行环境是给定的，规划的主要目的是通过选用合适的算法谋求全局最优飞行航迹。

实时规划是指无人机在飞行过程中，地面站驾驶员根据实际的飞行情况和环境的变化制定出一条可分航迹，包括对预先规划的修改和应急方案的选择，其特点是约束和飞行环境实时变化，任务规划系统需要综合考量威胁、航程、约束等多种条件，采用快速航迹规划算法生成飞行器的安全飞行航迹，任务规划系统需要具备较强的信息处理能力和一定的辅助决策能力。

引导问题 6：无人机任务规划由什么组成？

无人机任务规划由任务理解、环境评估、任务分配、航迹规划、航迹优化以及航迹评价等组成。其任务规划流程如图 6-4 所示，具体说明如下：

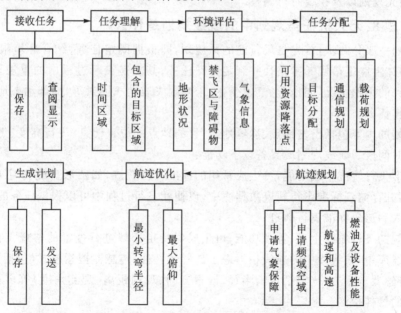

图 6-4　无人机任务规划流程

① 整个流程开始于接收上级下发的任务、命令，首先对任务进行保存。

② 然后辅助操作人员进行任务理解，分析任务执行的地理区域、时间区间，任务所包含的目标航点数，各个航点的位置、重要程度等情况。根据任务涉及的区域查询并显示地形概况、禁飞区和障碍物分布情况及气象信息，为航迹规划提供环境情况依据。

③ 其次进行任务分配,在这个过程中显示可用的无人机资源和着陆点信息,辅助操作人员进行载荷规划、通信规划以及目标分配。

载荷规划包括携带的传感器类型、摄像机类型和专用任务设备类型等,规划设备工作时间及工作模式,同时需要考虑气象情况对设备的影响程度。

通信规划包括在执行任务的过程中,根据环境情况的变化制定一些通信任务,调整与任务控制站之间的通信方式等。

目标分配主要包括执行任务过程中实现动作的时间点、方式和方法的设置,以及机会航点的时间节点、飞行高度、航速、飞行姿态、配合载荷设备的工作状态与模式的设定,当无人机到达该航点时实施航拍、盘旋等飞行任务。

④ 下一步是航迹规划,在目标分配的基础上,根据环境变化情况、无人机航速、飞行高度范围、燃油量和设备性能制定飞行航迹,并申请通信保障和气象保障。

⑤ 航迹规划完成后,系统根据无人机飞行的最小转弯半径和最大俯仰角对航迹进行优化处理,制定出适合无人机飞行的航迹。

⑥ 最后生成计划保存并发送。

引导问题 7:无人机任务规划中的航迹规划是什么?

无人机航迹规划是任务规划的核心内容,需要综合应用导航技术、地理信息技术以及远程感知技术,获得全面详细的无人机飞行现状和环境信息,结合无人机自身技术指标特点,按照一定的航迹规划方法,制定最优或次优路径。因此,航迹规划需要充分考虑电子地图的选取、标绘,航线预先规划以及在线时机调整。

引导问题 8:无人机任务规划中的航线规划是什么?

航线规划一般分两步:首先是飞行前的预规划,即根据既定任务,结合环境限制与飞行约束条件,从整体上制定最优参考路径并制定特殊任务;其次是飞行过程中的重规划,即根据飞行过程中遇到的突发状况,如地形、气象变化、未知限飞或禁飞因素等,局部动态地调整飞行路径或改变动作任务。

航线规划的内容包括出发地点、途经地点、目的地点的位置信息、飞行高度、飞行速度以及需要到达的时间段。航线规划应具备以下功能:

具有标准飞行轨迹生成功能,可生成常用的标准飞行轨迹,如圆形盘旋、8字形盘旋、往复直线飞行等,并存储到标准飞行轨迹数据库中,以便在飞行过程中可以根据任务的需要使飞行器及时地进入和退出标准飞行轨迹;

具有常规的飞行航线生成、管理功能,可生成对特定区域进行搜索的常规飞行航线,并存储到常规航线库中,航线库中的航线在考虑了传感器特性、传感器搜索模式(包括搜索速度、搜索时间)和传感器观察方位(包括搜索半径、搜索方向、观测距离、观测角度)等多种因素后,可实现对目标的最佳探测。

引导问题 9:无人机任务规划中的应急预案是什么?

任务规划时还要考虑异常应急措施,即应急航线。其主要目的是确保无人机安全返航,规划一条安全返航通道和应急迫降点,以及航线转移策略(从航线上的任意点转入安全返航通道或从安全返航通道转向应急迫降点或机场)。

系统保障与应急预案规划是指综合考虑无人机系统本身的约束条件、目标任务需求以及应急情况等内容所做的规划,合理设置地面控制站与无人机的配比关系,科学部署工作地域内的各种无人机地面控制站,制定突发情况下的无人机工作方案。

第二部分:实训操作

(1)作业准备

① 需要准备一台 Windows 系统的笔记本电脑,Mission Planner 地面控制站安装文件以及稳定网络用于加载最新地图。

② 地面控制站设备及工具:APM 飞控或 Pixhawk 飞控、数据线、数传电台。

Mission Planner
地面控制站
使用操作流程

③ 组装并调试完毕的多旋翼无人机飞行平台,以及维护工具和消耗材料。

(2)Mission Planner 地面控制站功能介绍

Mission Planner 是无人机地面控制站软件,适用于固定翼无人机、旋翼机以及地面车,仅在 Windows 系统下工作。Mission Planner 可给自动车辆提供配置工具或动力学控制。

Mission Planner 的主要特点:给控制板提供固件加载、设定,配置及调整飞行器至最优性能,通过在地图上的鼠标单击入口来规划、保存及加载自动任务给自动驾驶仪主板,下载及分析由自动驾驶仪主板创建的任务记录,与 PC 飞行模拟器连接,提供硬件在环的 UAV 模拟器,通过适当的数传电台监控飞行器状态、记录电台传递数据、分析电台记录或在 FPV 模式下工作。

1)Mission Planner 地面控制站软件安装及设备连接

Mission Planner 是 Windows 系统上的自由开源软件,安装非常简单。具体安装步骤如下:

① 下载最新 Mission Planner 安装文件,下载地址:https://ardupilot.org/planner/。

② 运行安装文件,并按向导执行即可。

③ 将软件安装到 C:\Program Files (x86)\APM Planner,并创建打开 Mission Planner 的图标在开始菜单。

④ 安装完毕后,即可启动 Mission Planner,启动后即可通过连接按钮下载固件或连接自动驾驶仪主板。

⑤ 连接自动驾驶仪主板和计算机时可以选择 USB 数据线,如图 6-5 (a)所示,或者将自动驾驶仪与数传电台发射端连接,计算机与数传电台接收端连接,如图 6-5 (b)所示,数传电台通过无线电波进行数据传输。

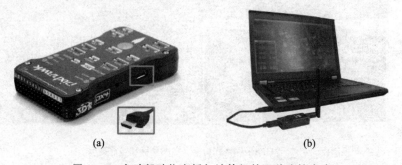

(a)　　　　　　　　　　　(b)

图 6-5　自动驾驶仪主板与计算机的两种连接方式

⑥计算机通讯串口的选择：在 Mission Planner 软件的左上角，选择连接的串口号和波特率 57600，并单击连接。串口号是 Windows 自动提供的，并在下拉菜单中出现。注意连接波特率必须选择 57600，而下载固件时的波特率必须选择 115200，如图 6-6 所示。

图 6-6 串口选择

注意：

① 连接成功后，连接按钮将显示 Disconnect，用于断开连接操作。

② 如果没有连接上，则可能的原因如下：检查的波特率是否正确，USB 为 115200，数传电台为 57600，检查串口号是否正确，串口号是否存在。如果是 USB 口，请尝试不同的 USB 口，如果使用 UDP 或 TCP 连接，检查防火墙是否畅通。

③ 自动驾驶仪主板上电后，会有声音和 LEDs 等显示状态，待到蜂鸣器提示音结束后，才能进行其他操作。

2）Mission Planner 地面控制站软件介绍

飞行数据是 Mission Planner 地面控制站的默认主界面，它可以很直观地显示无人机的状态，包括姿态、速度、高度、离家距离、GPS 位置信息等，它可以划分为 3 大功能区域：飞行平视显示器（左上）、状态显示和控制选项栏（左下）、地图及飞机实时位置信息（右），下面详细介绍图 6-7 中每一个区域的功能。

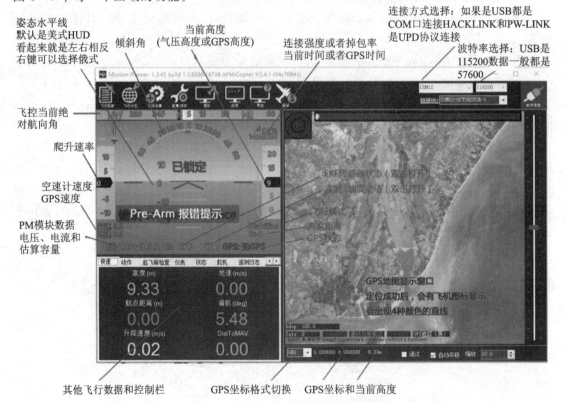

图 6-7 **Mission Planner** 地面控制站主要功能窗口介绍

① 快速反馈信息栏：主要显示当前高度地速、航点距离、偏航角度（航向角）、升降速度、DistToMav（无人机离家的距离）等参数。可以在显示栏单击鼠标右键设置显示的行/列，双击对应的显示信息位置可以设置显示的内容，如图 6-8 所示。

图 6-8 快速显示栏窗口

② 动作控制栏：主要用于对无人机做实时的模式切换、任务控制、高度、速度控制等动作，如图 6-9 所示。自动航线任务：执行动作复选框设置为 Mission Start＞解锁/锁定＞自动/执行动作（自动航线任务需要设置第一个任务为 Take off（自动起飞）。原始传感器：可以查看原始传感器的数据，做一些性能或者故障分析。游戏摇杆：可以设置 USB 手柄映射一个遥控器通道，对飞行器进行控制（不建议使用，传统数传丢包可能导致控制不流畅）。

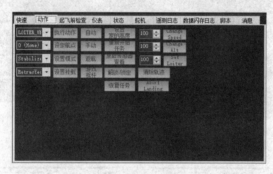

图 6-9 动作控制栏窗口

③ 起飞前检查栏：可以帮助新手检查和判断飞行器是否满足飞行条件，比如 GPS 卫星数量提示、电压提示（不满足会显示红色，通过为绿色）；还可以通过 EDIT 按钮，编辑相关提示选项和阈值。Ardupilot 固件越来越完善，飞控本身会进行本地自检，如自检不通过将无法解锁，所以该功能区可以忽略，如图 6-10 所示。

④ 状态栏：可以显示所有的飞控数据，包括传感器数据、通道输入输出数据，并且可以进行飞行和调试等操作，如图 6-11 所示。

⑤ 舵机-通道控制栏：这一栏实际上不单可以用于舵机控制，还可以用于其他设备控制，比如快门，实际是一个 PWM 通道输出控制。在多旋翼无人机中，如果通道设置了具体的功能，将无法从这里控制该通道，如图 6-12 所示。

⑥ 遥测日志栏：用于加载和播放地面控制站记录的遥测（数传回传）日志，如图 6-13 所示。

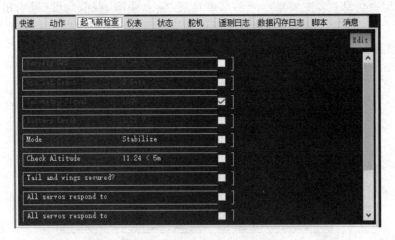

图 6 – 10　起飞检查栏窗口

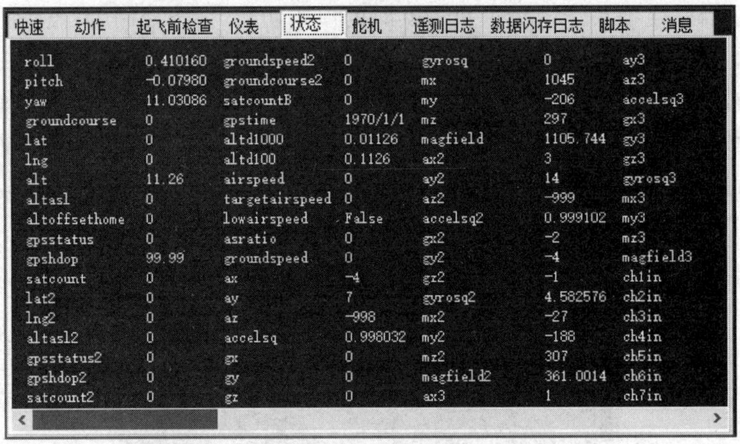

图 6 – 11　状态栏窗口

图 6 – 12　舵机–通道控制栏窗口

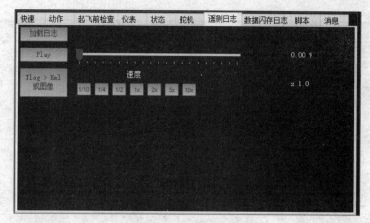

图 6 - 13 遥测日志栏窗口

⑦ 数据闪存日志栏：通过 Mavlink 下载闪存日志，可以通过 USB 下载机载 SD 卡记录的飞行日志，如果日志过大，可以取下 SD 存储卡，使用读卡器读取日志，如图 6 - 14 所示。回顾日志：可以打开闪存日志进行详细的分析。自动分析：使用程序自动分析功能自动分析闪存日志，直接得出分析结果，可以很明了地查看飞行器的震动值、罗盘等数据是否健康达标。

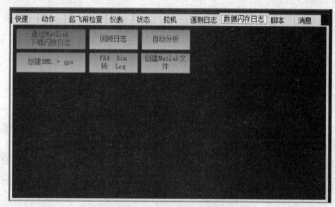

图 6 - 14 数据闪存日志窗口

（3）Mission Planner 地面控制站飞行任务规划及操控流程

Mission Planner 可以给无人机设置自动任务，当无人机处于 auto 模式时启动自主飞行模式。这里主要讲解的是 MP 地面控制站的任务规划功能，其他地面控制站的航点规划理念其实都是类似的，飞行计划是 MP 里边最重要的功能之一。

一般用户可以用于规划最简单的飞行任务，包括对每个航点的高度控制、待留时间、相机触发、各种条件触发、通道触发、甚至自动起飞和降落规划，行业用户还可以做测绘规划等，如图 6 - 15 所示。

操作步骤：

1）设置 Home 点：

飞行任务规划首先确定 Home 点，不同的飞行平台关于 Home 点的确定方式有所不同，旋翼无人机 Home 点就是自动驾驶仪主板上电的位置，这意味着如果执行 RTL 模式，将自动返航到 Home 点；对于固定翼无人机，Home 点是 GPS 第一次锁定的位置。

图 6-15　无人机飞行任务规划

2）根据任务需求绘制飞行航线

以多旋翼无人机为列设计航线任务如下：任务假设起始位置设在 Home 的位置，从地面开始自动起飞，然后在航点 2 上升到 100 m 的高度，等待 10 s 后飞行器进入航点 3（途中降至 50 m 高度），最后返回起始点。由于默认海拔高度为 100 m，故最后返回到 100 m 高度。飞行器着陆。

① 在航点设置画面的下方有详细的航点规划及动作，可通过下拉菜单改变航点动作，通过地图鼠标拖拉改变航点位置，如图 6-16 所示。

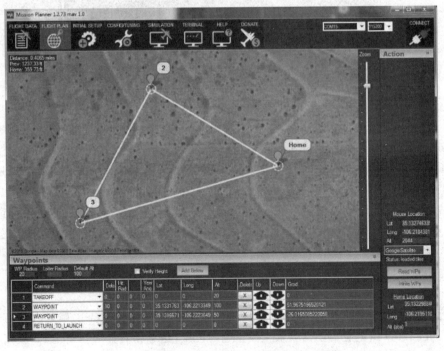

图 6-16　绘制飞行航线

② 可以输入航点和其他命令。在每行的下拉菜单中,选择所需的命令,列名称将会更改,以显示该命令需要哪些数据。可以通过单击地图输入纬度和经度。海拔高度是相对于起始高度/Home 的位置,所以如果设置 100 m,飞行器将飞行 100 m 以上。

③ 默认 ALT 是输入新航路点时的默认高度。它也是 RTL(返回启动)模式飞行高度,如果设置默认 ALT,该高度就是 RTL 飞行高度;如果没有设置,无人机将尝试维持开启 RTL 时的高度。

④ verify alt(验证高度)意味着任务规划器将使用 Google Earth 拓扑数据在每个航路点调整所需的高度,以反映下面的地面高度。所以如果航路点在山上,并且选择了这个选项,任务计划员就会根据山的高度增加你的航点设置。

⑤ 规划好任务后,选择写入,将其发送到飞控并保存在 EEPROM 中。可以通过选择"读取"来确认它是想要的。通过右侧按钮可以保存航行任务、加载航行任务,方便重复执行任务。

注意:

① 下载离线地图:提前下载地图数据到地面控制站,避免在野外无网络,无法连接地图数据。单击 Prefetch(地图工具)按钮,预读取航点路径中的离线地图,然后按住 Alt 键绘制一个框以下载所选位置的图像。

② 绘制多边形:可以绘制多边航线的图形(右键单击),并自动在所选区域上创建航点。

③ 快捷绘制多边形航线:鼠标右键菜单,通过增加航点的形式绘制多边航线,然后使用自动生成网格工具,单击 Grid 菜单,在弹出的窗口填入每个航点距离高度,最后单击确认,将在每个航点的动作信息传至无人机,如图 6-17 所示。

④ 将 Home 点位置设置到当前位置:追踪器的 Home 点设置为起飞位置,即将 Home 点设置为当前坐标。通过右键单击一端并选择"测量距离"来测量航点之间的距离。然后在另一端上单击鼠标右键,再次选择"测量距离",最后出现一个对话框,显示两点之间的距离。

图 6-17 保存加载航行任务

⑤ 自动规划航线:Auto grid 功能可以生成扫描航线,以收集当地的图片。在地图上选择鼠标右键,选择多边形绘制需要的区域,然后选择 Auto WP-Grid 菜单,按照对话框自动处理高度和距离,最后自动生成网格航点,如图 6-18 所示。

⑥ 任务指令:在地图的下方有表格的任务信息栏中,将按当前飞行器类型产生指令列表,并新增一列航点参数。这些指令包括:导航到航点、临近盘旋、执行特殊动作(如拍照等)以及条件指令,如图 6-19 所示。

图 6-18　自动生成网格航点

图 6-19　任务指令列表

任务 6.3　无人机地面控制站操控流程

一、任务导入

　　本任务主要介绍无人机地面控制站使用的基本流程,本次任务以 DJI 地面控制站为例给同学们介绍,要求学生掌握目前民用地面控制站的主要功能、地面控制站使用操作的基本流程以及各环节注意事项。

二、任务分析

1. 任务要求

① 掌握 DJI 地面控制站系统的设备组成。

② 结合目前民用地面控制站的种类,了解目前主流飞控对应的地面控制站使用流程。

③ 熟练掌握 DJI 地面控制站软件功能和使用流程。

2. 实施方法

(1) 理论教学

组织形式:以班级为单位进行集中实训教学。

教学方法:通过演示与讲解方式使学生掌握地面控制站的操控流程,并使用多媒体结合地面控制站软件演示地面控制站使用要点与讲解注意事项,学生理解地面控制站使用基本方式后,在地面控制站软件上模拟绘制航线,直到完全掌握航线绘制流程后,再进行无人机实操飞行训练。

（2）实训教学

组织形式:学生分为若干小组,每组4~6人进行分组实训。

教学方法:在教室进行理论实操讲解,并进行基本的航线绘制练习。然后在室外飞行场地,由教师进行地面控制站操控演示,各小组依次进行地面控制站操控训练,教师及时指出学生出现的问题。

三、任务实施

第一步:知识准备

引导问题1:目前民用地面控制站软件的种类有哪些?

地面控制站软件是地面控制站实现各种功能的核心基础,目前民用无人机领域的地面控制站软件主要有三类:一是开源式地面控制站软件,在消费级和工业级领域较为常见;二是在开源式地面控制站基础上进行针对性的改良,再配套硬件设备,从而形成新的工业级地面控制站产品,多见于较为专业的工业级无人机产品;三是独立开发,拥有全部产权的代码,产品性能稳定、匹配性高,和地面控制站硬件以及无人机平台的适应性较好,在高端消费级无人机和专业工业级无人机中比较常见。

引导问题2:DJI地面控制站系统主要由哪些设备组成?

DJI地面控制站系统由软件操作显示系统和硬件设备两部分组成。硬件设备主要由便携式电脑、无线数传电台地面端、无线数传电台机载端、USB连接线、四针对接线等设备组成。便携式电脑主要用来运行地面控制站软件,无线数传电台地面端与笔记本电脑通过USB数据线连接,实现便携式电脑与机载端通讯、发送指令以及接收飞行信息的功能,无线数传电台机载端常用到的频率为2.4 GHz和900 MHz,与飞控系统相连,用来实现与地面端的通讯、发送飞行信息以及接收飞行指令的功能。

引导问题3:DJI地面控制站软件功能介绍?

下面结合图6-20逐项介绍操作界面的功能按钮以及显示的飞行数据。

① 操作杆。
② 工具箱。
③ 系统设置。
④ 语言(Language):单击改变显示语言(中文或英文)。
⑤ 帮助(H)
⑥ 输入位置:输入要到达的位置。
⑦ 飞行器轨迹:单击显示飞行器轨迹。
⑧ 航线投影。
⑨ 地图详情。
⑩ 仪表显示器:单击此选项弹出仪表盘窗口。
⑪ 编辑器:单击弹出任务编辑器窗口。

⑫ 继续:飞行器继续执行未完成的航线任务。

⑬ 暂停:暂停任务。

⑭ 串口选择。

⑮ 连接:单击连接主控器。

⑯ 飞行器:单击前往飞行器位置。

⑰ 飞行器实时位置信息,数据内容可进行复制。

⑱ 一键起飞:单击后飞行器起飞。

⑲ 返航点:单击前往返航点位置。

⑳ 返航点位置信息,数据内容可进行复制。

㉑ 设置返航点:改变返航点。

㉒ 返航:单击返航。

㉓ 显示真实飞行模式或模拟飞行模式。

㉔ 信号强度:显示地面控制站与主控之间连接状态。

㉕ GPS:实时 GPS 信号质量。

㉖ 姿态:实时姿态特征。

㉗ 模式:实时控制模式。

㉘ 其他状态参数(由识别到的飞控类型决定)。

㉙ 上传/下载进度条。

㉚ 取消:取消按钮。

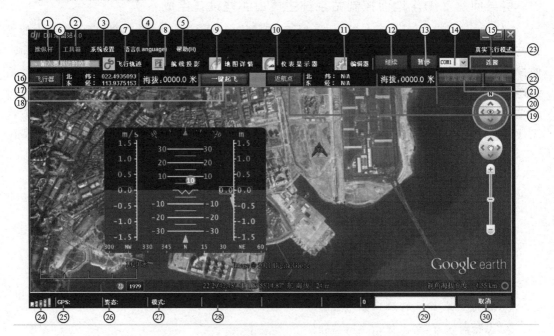

图 6 - 20 DJI 地面控制站软件主操作界面

引导问题 4:DJI 地面控制站航线编辑器有哪些功能?

首先来认识一下任务编辑器,界面说明如图 6 - 21 所示。

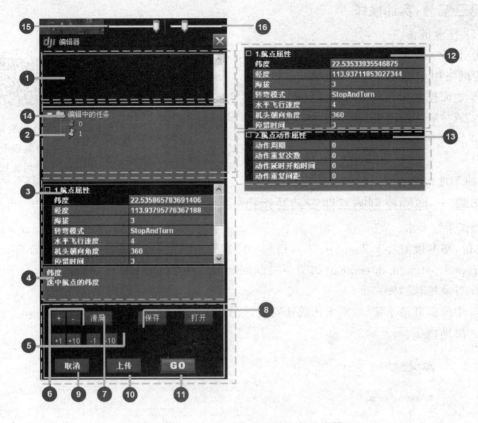

图 6-21　DJI 地面控制站的任务编辑器

① 日志：显示信息，例如上传成功，上传失败…

② 航点列表：单击图标"编辑中的任务"前面的"＋"图标，可以展开所有航点信息。

③ 选择编辑中的任务显示任务属性：

④ 航点属性的具体描述。

⑤ 每单击一次改变高度 10 m 或 1 m。

⑥ 单击"＋"或在地图上单击 Ctrl 加鼠标左键添加新航点。选中航点后单击"–"删除航点。

⑦ 若想单击清屏删除正在运行的任务或要在地图上编辑新任务，单击"清屏"即可。

⑧ 保存和打开任务。

⑨ 取消所有已编辑航点。

⑩ 上传任务至主控制器。

⑪ 单击"Go"执行已分配的任务，包括自主起飞。

⑫ 显示航点属性（如果航点列表中任何一项被选中）。正在编辑的任务：属性可写；已分配的任务：属性只读。

⑬ 航点动作属性。

⑭ 编辑框透明度设置。

⑮ 编辑框大小设置。

第二部分:实训操作

(1) 作业准备

① 准备一台 Windows 系统的笔记本电脑,DJI 地面控制站安装文件以及稳定网络用于加载最新地图。

② 地面控制站设备及工具:ACE 飞控或 WKM/A2 飞控或 NAZA - M/NAZA - M V2/Phantom 2 飞控、数据线、数传电台。

③ 组装并调试完毕的多旋翼无人机飞行平台,以及维护工具和消耗材料。

DJI 地面控制站设备使用流程

(2) DJI 地面控制站使用操作流程

步骤一:地面控制站软件安装及运行

操作系统要求:Windows XP(需要安装 sp2 补丁),Vista,Windows 7,Windows 8(32位,64位,基本版需要安装 sp3 补丁);请到 DJI 官方网站 http://www.dji.com/cn/product/pc - ground - station/download(如图 6 - 22)所示下载并安装如下软件:

① 谷歌地球插件;

② 地面控制站系统(如果无法成功安装,请先安装. Net Framework 3.5);

③ 驱动程序。

🔗 地面站软件(GCS)			
地面站软件发布记录	📅 2015-05-08	📥 ZIP	📄 PDF
地面站用户手册 v3.04	📅 2015-05-08	📥 ZIP	📄 PDF
.Net Framework 3.5	📅 2014-03-26	⬇ EXE	
谷歌地球插件	📅 2014-04-10	📥 ZIP	
地面站系统 (已停止更新) 4.0.11	📅 2014-11-07	⬇ MSI	
GPSExporter	📅 2014-02-10	📥 ZIP	

图 6 - 22　DJI 地面控制站软件及插件下载界面

步骤二:硬件设备的连接

硬件设备的连接操作步骤如下:

① 先准备一台安装有地面控制站软件的笔记本电脑。

② 使用 USB 连接线连接无线数传电台地面端与笔记本电脑。USB 连接线的一端有两个接头,请使用通信接头插入笔记本的 USB 端口,如果 USB 口供电不足,再将供电接头插入 USB 端口。

③ 如果使用 900 MHz 无线数传电台,当其机载端的两个 CAN 口与 ACE 飞控系统和低压舵机同时使用时,那么就必须将其中一个 CAN 口和飞控系统的空余 CAN 口连接,而另一个 CAN 口与输出电压在无线数传电台机载端的输入电压范围之内的电池连接,如图 6 - 23

所示。

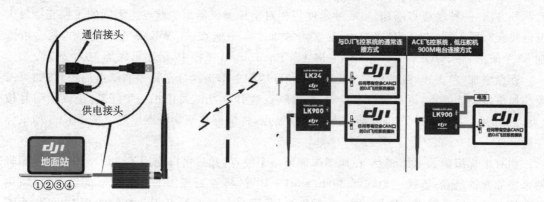

图6-23 数传电台的地面端与机载端

④ 如果使用2.4 GHz无线数传电台，只需将其机载端唯一的一个CAN口与飞控系统的空余CAN口连接即可。注意A2飞控系统需要使用CAN2端口。

⑤ 在飞行过程中确保无线数传电台机载端的天线头时刻可见并竖直向下，以获得最大飞行活动半径。

步骤三：地面控制站软件的运行与端口的连接

操作步骤如下：

① 启动地面控制站应用程序，如图6-24所示，检测网络，如果网络连接失败，将自动进入离线模式。也可以通过单击"OFFLINE MODE"按键进入离线模式。

图6-24 地面控制站软件启动页面

② 连接到主控制器，在下拉框中选择通信端口，单击连接按钮，以连接DJI飞控系统的主控制器。如果提示连接有问题，请检查连接线，如图6-25所示。

步骤四：航线模式中的编辑飞行任务

① 添加航点

图6-25 COM口的选择与连接按钮

添加航点,单击设置打开任务编辑器,如图6-26所示,单击新建编辑新任务。添加航点有两种方法:一种是逐点添加,另一种是使用相对坐标编辑器添加航点。不同的飞控支持最大航点数会有所不同,在ACE飞控中,最多可添加200个航点;在WKM/A2飞控中,最多可添加50个航点;在NAZA-M/NAZA-M V2/Phantom 2飞控中,最多可添加16个航点。

逐点添加,单击+,或者按住Ctrl键;在3D地图上单击鼠标左键添加航点的位置;如果需要添加更多新的航点,请重复以上步骤;起始航点索引号为0,每添加一个新航点,其索引号按1递增;如果需要在某个航点之前插入一个新航点,将鼠标移至新航点位置后按下Ctrl加鼠标左键。

相对坐标编辑器添加航点,在地图添加第一个航点,然后可以使用工具箱→相对坐标编辑器来添加新的航点;选择一个航点,按下Shift+P键,将看到如图6-27所示的输入窗口;用Tab键在两个输入框之间转换;输入相对坐标,角度是与当前航点正北方向的相对角度,距离是与当前航点的相对距离;按下Enter键,即可在当前航点之后看见所设置的新航点。

图6-26 打开任务编辑器

图6-27 输入飞往下一航点的角度和距离

注意:当航点添加错误时可以删除航点,在3D地图或在编辑中的任务中选中航点,选中的航点显示绿色;单击-或者按下Delete删除航点。

② 航点参数设置

在3D地图或编辑中的任务菜单中选择航点,属性设置(航点属性)界面如图6-28所示,可对航点海拔、转弯模式、水平飞行速度、机头朝向角度以及停留时间等进行设置,设置完成时,按Enter键确认。

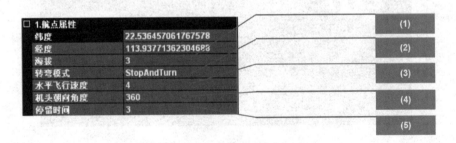

图6-28 航点属性参数设置

关键参数解释:

海拔:航点海拔(单位为m)如果是高度模式,指的是航点的相对高度,如果是海拔模式,则是指航点的海拔。通过单击高度调节按钮编辑每个航点的高度,在海拔栏后面键入确切数值。

转弯模式:航点的转弯模式可以独立设置,可选择为定点转弯、协调转弯或自适应协调转弯。系统默认转弯模式为定点转弯。在协调转弯模式或自适应协调转弯模式下,航点属性中的参数停留时间将被忽略。从转弯模式的下拉菜单中选择定点转弯、协调转弯或者自适应协调转弯。

水平飞行速度:指从上一航点到当前航点的速度(单位为 m/s)。在航线模式下,系统默认速度为 4 m/s,允许的最大速度为 25 m/s;在水平飞行速度栏后面键入确切数值。

机头朝向角:如果想要飞行器在到达某个航点时朝向特定的方向,可通过设置该值实现(单位为°),默认值为上一个航点的机头朝向角。鼠标右键航点并按住,移动滑轮或按↑、↓改变机头朝向角,也可在机头朝向角项中直接输入确切数值。

停留时间:设置飞行器在某航点的停留时间。该设置仅对定点转弯有效,而非协调转弯。在停留时间栏后面键入确切数值。

③ 编辑航点任务

编辑航点任务属性,单击编辑中的任务可以看见任务属性如图 6-29 所示,可对任务超时时间、循环、起始点、垂直最大速度以及所有航点参数等进行设置,设置完成时,按 Enter 键确认。

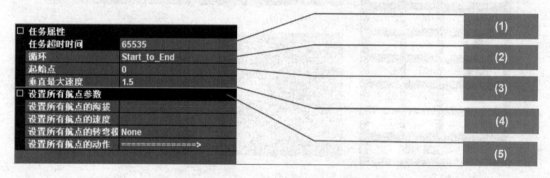

图 6-29　航点任务属性参数设置

关键参数解释:

任务超时时间:如果飞行器飞行时间超过任务时间限制,将自动返航。(默认值为 65 535 s;最小值 60 s;最大值 65 535 s),在任务超时时间栏后面键入确切数值。

循环:设置飞行器是否进行循环飞行,包括 Start_to_End 和 Continuous 两种方式。其中 Start_to_End 为从起点到终点仅执行一次;Continuous 为从起点到终点重复执行多次。(默认模式为 Start_to_End)。在循环后面的下拉框中选择任务执行模式:Start_to_End 执行一次;Continuous 重复执行。

起始点:设置飞行器起飞后第一个目标航点。(默认起始航点索引为"0")。从起点后面的下拉框现有的航点索引中选择起始航点。

垂直最大速度:是指飞行器在垂直方向上的绝对速度限制(单位 m/s)。(默认垂直方向速度为 1.5 m/s,最大允许值为 5.0 m/s)。在垂直最大速度栏后面键入确切数值。

设置所有航点参数:设置所有航点的海拔、速度、转弯模式、设置所有航点的动作,上述四项对所有航点属性的设置,如果设置一次之后,则所有航点的属性都改变且一致,此时再对单一的一个航点进行属性设置时,则单个航点的属性改变。

④ 生成扫描航线

从工具箱找到航线模板,打开航线模板命令框,如图6-30(a)所示。单击添加区域按键添加一个新区域,如图6-30(b)所示。可通过选中区域对角的航点图标并拖动它来改变区域大小。单击鼠标左键旋转区域,每单击一次旋转30°,单击向右/向左按钮微调区域的旋转角度,每单击一次旋转0.1°,如图6-30(c)所示。单击航线模板中任一模板生成航点,以扫描为例,如图6-30(d)所示。单击导入到编辑列表按键,以完成模板编辑,以扫描为例,如图6-30(e)所示。

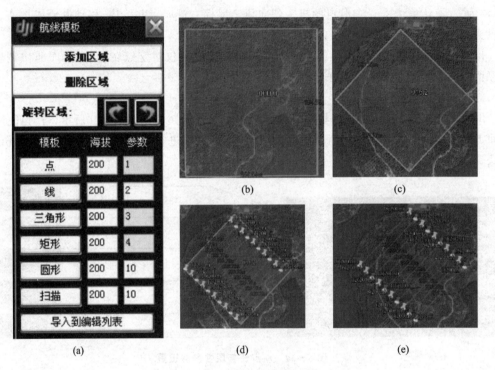

图6-30 生成扫描航线设置

⑤ 保存和载入任务

单击保存,保存已编辑好的任务;以".awm"为后缀名命名文件,例如:DJI_Mission_20200101.awm;载入任务,单击打开选择已保存的任务文件,文件后缀名为".awm"。

注意:高度补偿值不保存在任务文件中,必须每次设置它。

步骤五:上传飞行任务

检查和传送任务:单击任务编辑器底部的上传将飞行任务发送给主控制器。单击上传后显示的任务预览如图6-31所示,用于最后检查。单击确认,在同步成功后,可以开始执行任务。

注意:同步之后,如需要重新编辑任务,需要再进行一次同步操作。

步骤六:无人机起飞

① 在完成上述所有步骤之后,可以使用起飞方式有两种:自主起飞、手动起飞。

② 自主起飞:选择自主起飞需要在遥控器切换飞控模式,只有在切换之后,地面控制站才能控制飞行器,并且只有在GPS星数满足要求的情况下才能切换。将遥控器油门杆量打至最

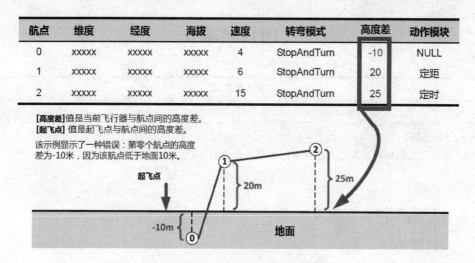

航点	维度	经度	海拔	速度	转弯模式	高度差	动作模块
0	xxxxx	xxxxx	xxxxx	4	StopAndTurn	-10	NULL
1	xxxxx	xxxxx	xxxxx	6	StopAndTurn	20	定距
2	xxxxx	xxxxx	xxxxx	15	StopAndTurn	25	定时

[高度差] 值是当前飞行器与航点间的高度差。
[起飞点] 值是起飞点与航点间的高度差。
该示例显示了一种错误：第零个航点的高度差为-10米，因为该航点低于地面10米。

图 6-31　上传航点后的任务预览

低，否则会有提示飞行器在地上，并且油门杆不在最低位置，请慎重切到手动模式。进入 GPS 巡航模式或者 GPS 姿态模式，在编辑器上单击 Go 命令，无人机将以起飞速度缓慢起飞。

③ 手动起飞：手动模式起飞的无人机，需要使用遥控器控制无人机飞至合适高度进行悬停。

注意：飞行器正在爬升至航点的高度，请把油门置于中位！当把油门杆量打至中位时该警告会消失，该措施是为了防止不小心将模式切到手动模式或 GPS 姿态模式等，此时油门杆在最低位，会导致飞机自由落体。

步骤七：无人机开始执行航线任务

① 在编辑器中单击 GO，无人机将按照在飞行任务中所设置的航线自主飞行。

② 在任务执行期间，可以重新编辑航线任务：在任务编辑器中单击编辑，任务编辑器将返回到第一步编辑飞行任务所描述的状态中。

③ 在任务执行之后，还可以通过单击暂停任务，无人机将缓慢减速并稳定地停在空中。再单击继续，无人机将重新开始执行未完成的任务。

步骤八：无人机降落

① 当任务完成或无人机返航后悬停在视距内时，使用地面控制站进行降落，降落的方式有两种，一种是通过地面控制站自主降落，另一种是使用遥控器手动控制降落。

② 自主降落：单击自主下降，飞行器会自主降落然后熄火。在自主降落过程中，可以按键盘的↑、↓进行控制，或取消键盘控制以中止自主降落。自主下降过程中可以使用键盘的 W、S（俯仰），A、D（横滚），↑、↓（油门），←、→（偏航）键控制无人机进入一个合适的降落区域，或允许地面控制站自动选择一个合适的没有障碍物的降落区域。在无人机着陆后，继续按住↓键直到引擎完全熄火。

③ 手动降落：完成飞行任务准备降落时，使用地面控制站单击暂停按钮，让无人机进入悬停状态，目视无人机飞行，完成降落任务。

注意：单击暂停，然后选择键盘控制，才能进行自主下降控制。

项目核验

项目核验单						
班　级		姓　名		学　号		日　期	

一、相关知识

1. 简述无人机地面控制站系统设备组成及各设备的主要功能。

2. 简述无人机任务规划的流程。

二、操作内容

1. 以开源飞控 PIXHawk 为主控的固定翼飞行平台使用 MP 地面控制站进行超视距飞行训练，并按照要求规范完成每个动作。

2. 以 DJI 飞控为主控的多旋翼飞行平台使用 DJI 地面控制站进行超视距飞行训练，并按照要求规范完成每个动作。

三、评价反馈

1. 自我评价

2. 学生建议

成绩评定			教　师	

参考文献

[1] 杨华宝. 飞机原理与构造[M]. 2版. 西安:西北工业大学出版社,2011.

[2] Wang Q,Stengel R F. Robust Nonlinear Control of a Hypersonic Aircraft[J]. J. guid. control Dynam,2000,23(1):15-26.

[3] 吴森堂. 飞行控制系统[M]. 2版. 北京:北京航空航天大学出版社,2013.

[4] 孙毅. 无人机驾驶员航空知识手册[M]. 北京:中国民航出版社,2014.

[5] 邢琳琳. 飞行原理[M]. 北京:北京航空航天大学出版社,2018.

[6] 徐华舫. 空气动力学基础[M]. 北京:国防工业出版社,1979.

[7] 谢辉,王力,张琳. 一种适用于中小型无人机的新型螺旋桨设计[J].航空工程进展, 2015,6(1):71-76.

[8] 贾玉红. 航空航天概论[M]. 3版. 北京:北京航空航天大学出版社,2013.

[9] 王永虎. 直升机飞行原理[M]. 成都:西南交通大学出版社,2017.

[10] 王宝昌. 无人机航拍技术[M]. 西安:西北工业大学出版社,2017.

[11] Sigthorsson,David O. Control-Oriented Modeling and Output Feedback Control of Hypersonic Air-Breathing Vehicles[J]. Dissertation Abstracts International, 2008,69(12):7718.

[12] 马辉,袁建平,方群. 吸气式高超声速飞行器动力学特性分析[J].宇航学报,2007, 28(5):1100-1104.